一本书明白

3S农业实用技术

YIBENSHU
MINGBAI
3SNONGYE
SHIYONGJISHU

汪懋华 丛书主编
张 伏 王 俊 邱兆美 编 著

山东科学技术出版社 山西科学技术出版社 中原农民出版社
江西科学技术出版社 安徽科学技术出版社 河北科学技术出版社
陕西科学技术出版社 湖北科学技术出版社 湖南科学技术出版社
中原农民出版社 联合出版

"十三五"国家重点图书出版规划

新型职业农民书架·智能装备系列

图书在版编目（CIP）数据

3S农业实用技术 / 张伏，王俊，邱兆美编著. —郑州：中原农民出版社，2015.10
（现代农业智能装备系列丛书 / 汪懋华主编）
ISBN 978-7-5542-1323-0

Ⅰ. ①3… Ⅱ. ①张… ②王… ③邱… Ⅲ. ①遥感技术-应用-农业技术 ②地理信息系统-应用-农业技术 ③全球定位系统-应用-农业技术 Ⅳ. ①S-39

中国版本图书馆CIP数据核字（2015）第252414号

出版：中原农民出版社
官网：www.zynm.com
地址：郑州市祥盛街27号7层
邮政编码：450016
办公电话：0371-65788651
购书电话：0371-65724566
出版社投稿信箱：Djj65388962@163.com
交流QQ：895838186
策划编辑电话：13937196613
发行单位：全国新华书店
承印单位：河南安泰彩印有限公司
开本：787mm×1092mm　1/16
印张：9
字数：150千字
版次：2019年4月第1版　**印次**：2019年4月第1次印刷

书号：ISBN 978-7-5542-1323-0　**定价**：39.90元

绪论
3S 技术集成与应用

3S 技术是全球定位系统（Global Positioning Systems，GPS）、遥感技术（Remote Sensing，RS）和地理信息系统（Geography Information Systems，GIS）的统称。因这 3 个概念的英文名称中都含有一个以 S 开头的单词，所以通常简称为 3S 技术。3S 技术能够实现地理观测系统的数字化、自动化、实时化、动态化、集成化和智能化，是当今世界高新科技之一，对世界的发展起着重要的作用。

GPS 是利用人造地球卫星进行定位测量导航技术的一种，具有定位的高度灵活性、实时性、精确性等特点。

RS 技术是指在不直接接触的情况下，利用遥感器对目标或自然现象远距离探测和感知的技术，具有实时、快速、动态地获取大范围地表信息的能力，具有获取数据范围大、精度高，获取信息周期短、手段多等特点。

GIS 是在计算机硬件支持下，对具有时空内涵的信息进行输入、储存、查询、处理、分析、表达等操作的技术系统，可以通过时空构模，研究地理系统的发展和深化过程，从而为咨询、策划和决策提供技术服务，其本质就是对不同种类的信息进行分析、处理和加工。

3S 技术有机结合了空间技术、卫星定位技术、导航技术、传感器技术和通信技术、计算机技术，是实现多学科全方位对空间信息进行采集、处理、分析、表达、传输和运用的现代信息技术。3S 技术是目前对地理观测系统中空间信息获取、管理、分析和应用的核心技术，它广泛应用于各种空间资源和环境问题以及农业、物流、交通、国土资源等多个行业。

第一节　3S 技术集成的概述

3S 技术是一个包含 GPS、RS 和 GIS 技术的有机整体，GPS 技术是用来快速定位，为遥感数据提供准确的空间坐标，并对遥感数据进行校正和检验；RS 技术是用来提供大量实时、动态、快速、低成本的地理信息；GIS 则是用来对空间数据进行存储、管理、查询、分析和可视化，然后将大量抽象的统计数据变成直观的专题图和统计报表等。3S 技术集成了 GPS、RS、GIS 技术的功能，可构成高度自动化、实时化和智能化的地理信息系统，对应用中可能出现的问题提供了科学的决策和解答，以便用户使用方便。

一、GIS 与 RS 技术的集成

GIS 与 RS 的技术集成主要用于变化监测和实时更新，RS 技术具有实时、快速、动态获取大范围地表信息的能力，而 GIS 具有很强的地学分析手段。所以结合 RS 与 GIS 技术，可以及时、快速、准确、动态地显示出大部分的空间位置，并根据这些信息作出分析。GIS 与 RS 技术的集成模式主要包括：①分开但平行的结合。结合于数据层面，两个数据处理系统相互独立存在，并且在数据层面进行数据交换。②表面无缝的结合。用户界面虽然相同，但工具和数据库不同。③整体结合。功能和数据在界面、工具和数据库方面均能实现无缝的结合。

二、GPS 与 GIS 技术的集成

随着 GPS 的定位误差越来越小，GIS 的空间分析功能越来越完善，将 GPS 连接到 GIS 系统中，实现在 GIS 可视化图形界面上观察 GPS 定位点的运动过程。利用 GIS 中的电子地图和 GPS 接收机的实时差分定位技术，将 GPS 和 GIS 结合后，可以组成各种自动电子导航系统，这种系统可用于交通、公安侦破、车船自动驾驶、农田作业管理、渔船捕鱼等多个方面。

三、GPS 与 RS 技术的集成

遥感中的目标定位一直依赖于地面控制点，实现实时无地面控制的遥感目标定位，就需要使用 GPS 来记录遥感影像瞬间的位置参数。GPS 具有精准的定位功能，RS 则具有实时、准时提供信息的技术，将 GPS 与 RS 结合，就可以实现快速准确的测量坐标。目前 GPS 动态相位差分已用于航空 / 航天摄影测量进行无地面空中三角测量，它虽然不是实时的，但经过处理后也可以达到极高的

精度，提高工作效率。

四、3S 技术的集成

将空间技术、遥感技术和地理信息技术完美结合是人们追求的目标，它可以实现多学科高度集成的对空间信息进行自动、实时的采集、处理、管理、分析、表达、传播和更新数据的功能。

3S 技术的整体集成应用非常广泛，结合三者之间的优点，使其功能更为强大。例如由 GPS+GIS 组成的自动导航系统中加入 CCD 摄像机就可以组成移动式测绘系统，这种移动式测绘系统可用于高速公路、铁路以及各种线路的监测和管理，也可建立战时现场自动指挥系统。美国的巡航导弹和爱国者导弹上就安装了 3S 集成系统，它可以实现自动导航、跟踪和识别目标，从而可以准确地拦截和打击。由此看来，3S 集成技术的发展会越来越迅速。

第二节　3S 技术的应用

一、3S 技术在地质基础调查中的应用

地质基础调查是综合性的地质工作，它的应用方面非常广泛，为人们提供基础性地质资料，主要包括国土规划、矿产普查、地质科研、环境地质普查等。地质图是表现地质和地质科研成果的重要方式，也是地质矿产信息的重要表达方式之一，因此图形的编制、制作、使用的信息化成了地质调查信息化的一个重要发展趋势。一般来说，只有获得大量地质实地调查资料后才能进行地质调查、研究，这就需要耗费大量的人力和财力。如果采取 3S 技术来进行大范围地质调查和研究，不仅可以省时、省力，还可以有效地弥补野外地质工作难以克服的缺点。地质基础调查计划主要是 1 ： 25 万综合调查评价，查清主要经济区带的基础地质环境、矿产地质环境和生态地质环境的基本状况，主要的工作内容包括 1 ： 25 万区域地质调查和 1 ： 5 万重点地区地质调查。遥感技术在这方面起到了非常重要的作用，利用各类遥感图像的优势，通过优化整合，彻底摸清和调查各个区域的地质资源。目前出现的多种基础性数据库，都是由先进的 GIS 技术建立起来的，这些基础数据库具有专业门类齐全、空间覆盖全国、标准化程度高、海量数据存储等特点。数据库涵盖范围非常广，主要包括地质、地球物理、地球化学、矿产勘查、环境地质等多种地质调查成果，包含

的资料非常多，有各地从 1 ∶ 5 万到 1 ∶ 500 万的资料数据，还有大量的图形数据和多图层属性数据，所以数据量非常大，而且由此开展的 GIS 评价分析工作也取得一系列成果，比如地球化学图、航磁图、矿产图等，经过分析后还可以得出有关联的图件及信息资料。现在 3S 技术已经进入了地质调查与填图的数字化时代，并且使传统的地质调查发生了革命性的变化。目前澳大利亚和日本等国已经将 GPS、RS 与 GIS 结合起来，用来编制 1 ∶ 25 万和 1 ∶ 10 万区域地质图，顺利出版了多幅区域地质图。

二、3S 技术在农业监测中的应用

一直以来，农作物产量的预测是农业系统的一项重要工作。科学技术发展的速度越来越快，预测方法和手段也逐步完善和提高，不仅使各种作物的最终产量能较准确地估测出来，还能对各类作物在不同生长期的长势进行跟踪监测，从而根据需要采用有效的管理措施，对农作物的生长进行有效的监控，确保农作物的产量稳定增长。

（一）农作物长势监测

不同生长阶段的作物具有不同的特征，主要表现在其内部成分、结构和外部形态特征等，其中叶面积指数是反映作物长势的个体特征和群体特征的综合指数。遥感的特点是周期性获取目标电磁波谱，所以通过建立遥感植被指数和叶面积指数的数学模型，可以监测作物生长的趋势，根据作物的长势进一步地估测作物产量。

（二）土壤水分含量和分布监测

在植被和非植被两种条件下，热红外波段对水分反应极为敏感，所以可以利用热红外波段遥感来监测土壤和植被的水分。根据相关研究，发现在不同热惯量条件下，遥感波谱间的差异表现明显，所以通过建立热惯量与土壤水分间的数学模型，就能监测出土壤水分含量和分布状况。

（三）农作物病虫害监测

根据遥感手段可以探测出病虫害对作物生长的影响，然后进行跟踪并发现农作物的状况，分析并估算出灾情损失，同时还能监测虫源的分布和活动习性。

三、应用实例——国家级农情遥感监测信息系统

国家级农情遥感监测信息系统是利用遥感技术和地理信息系统技术，对农情数据进行分析处理的信息系统，是应用于农业的典型的应用型地理信息系统。

首先，它具有地理信息系统的特点，能以电子地图的形式，直观地表现背景地物信息，并支持图文互查、综合分析等。地理信息系统在分析处理问题中同时使用了空间数据与属性数据，并通过空间数据库管理系统使二者有机地结合起来达到共同管理、分析和应用的目的，使系统具有强大的空间数据管理功能，支持对空间数据的操作，包括数据可视化、空间查询、检索、空间分析等。其次，作为应用型地理信息系统，国家级农情遥感监测信息系统是应用在农情遥感监测方面的信息服务系统，它专业性较强，主要体现在农情监测实现模型上，例如需要提供影像抽样外推模型、地面调查模型、旱灾监测模型等。另外，根据实际应用的需求，系统还应该达到以下目标：支持多源数据，支持海量数据，支持扩展模块等。最后，该系统又是遥感和地理信息系统相结合的产物，在系统集成技术方面具有其特殊需求。需要提供对多种遥感影像数据的可视化操作，以及与专业遥感处理模型相融合的接口等。针对以上国家级农情遥感监测信息系统所体现的特点，范蓓蕾等进行了相应的研究，并提出了可行性实现方案：在功能开发方面，采用组件式 GIS 开发方式，基于功能强大的 ArcObjects 组件库进行独立二次开发；在数据库建立方面，通过对各种数据模型的研究比较，选择 Geodatabase 空间数据模型，建立海量空间数据库，提供对多种数据格式的支持；在扩展方面，采用组件重构等技术进行扩展，提供外部连接接口。

国家级农情遥感监测信息集成系统的 GIS 部分的主要内容，包括空间数据管理、属性数据管理、影像抽样模型以及地面调查模型。国家级农情遥感监测信息集成系统采用 Windows 界面，集菜单、工具栏、图形显示、控制面板于一体，加强了用户界面的可操作性，图形操作界面清晰，数据显示打印浏览所见即所得，各种输入界面、输出界面与工作使用习惯一致，贴近了用户的需求，较易掌握使用方法。

（一）空间数据管理

空间数据管理模块的主界面一般包括5个部分，菜单（主菜单和右键菜单）、工具栏、控制面板、地图显示、状态栏。通过主菜单执行加载、卸载图层，自定义缩放地图，行政区查询，专题分析，打印视图等操作。右键单击控制面板上图层的名称或地图显示中的地图，将激活右键菜单，提供了卸载图层、缩放到该层、缩放到选择集、专题分析、打开属性表几个功能。

在空间数据操作部分，专题分析和地图打印是重要的功能。专题分析有5类，包括单一符号专题图制作、注记符号专题图制作、唯一值专题图制作、分类专题图制作以及统计图专题图制作，如图 0-1 显示了分类专题分析界面。

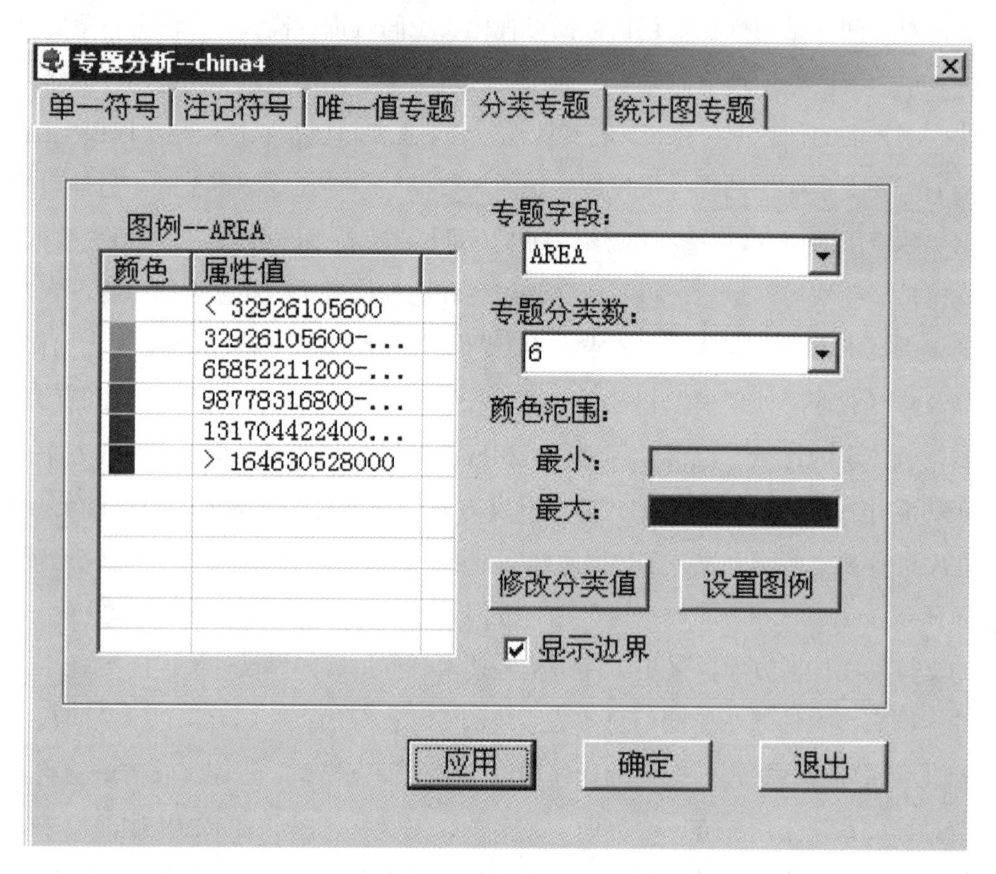

图 0-1　分类专题分析

图 0-1 显示的是对冬小麦种植面积图层做分类专题分析的设置。先在专题字段中选择 AREA 字段名称，设置分类数为 6 类，设置好颜色的范围，单击应用按钮之后，在界面左边的图例列表框中，将会自动把面积 AREA 根据数值大小分 6 类，每一类设一种颜色。

（二）属性数据管理

属性数据管理主界面如图 0-2 所示，主要由菜单、工具栏、控制面板、表数据显示 4 个主要部分组成。

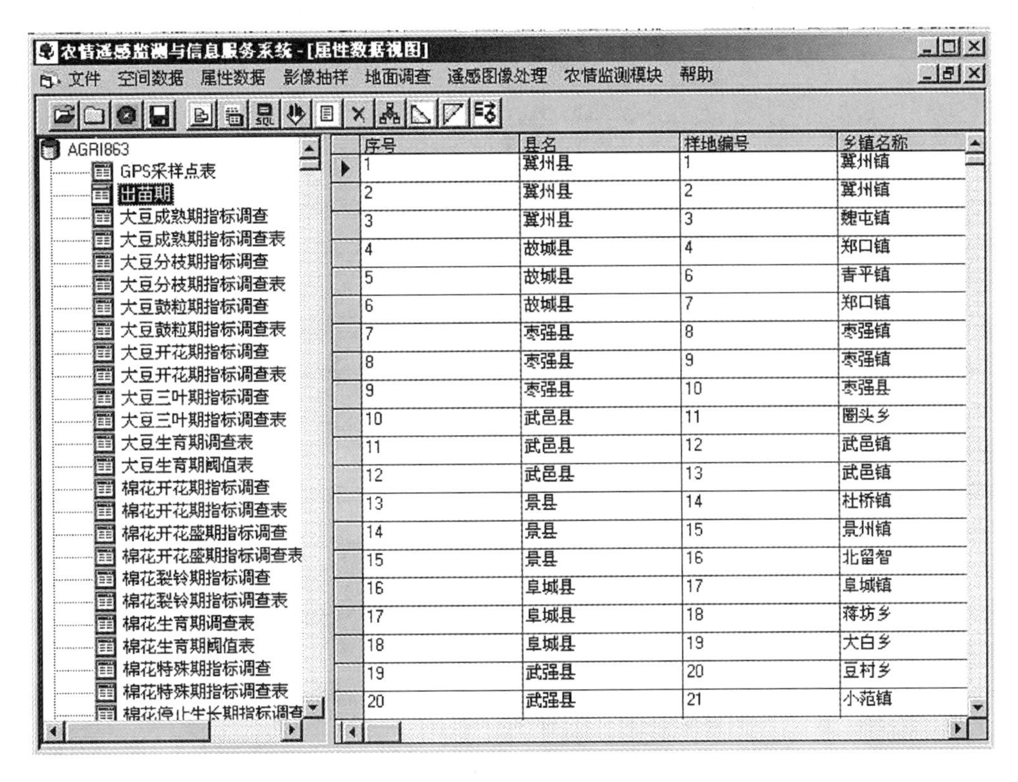

图 0-2 属性数据管理主界面

（三）影像抽样外推模型

影像抽样外推模型的应用流程如图 0-3 所示。该模型主要是对空间数据进行操作，在模型运行过程中，将在地图上动态显示分层结果、TM 影像选取结果、抽样的县分布位置，并生成抽样县图层。如果图层已经分层，也可以跳过重新分层这一步，直接进入选取 TM 影像。选取 TM 影像有 3 种方法，分别为随机抽取、读取指定文件（文本文件）和手动选择，任选一种抽取之后，系统自动进行抽样分析，得出抽样结果。之后可以进行面积模拟和精度评价，或者直接进入解译外推。最后用户可以对本次抽样结果进行查看。

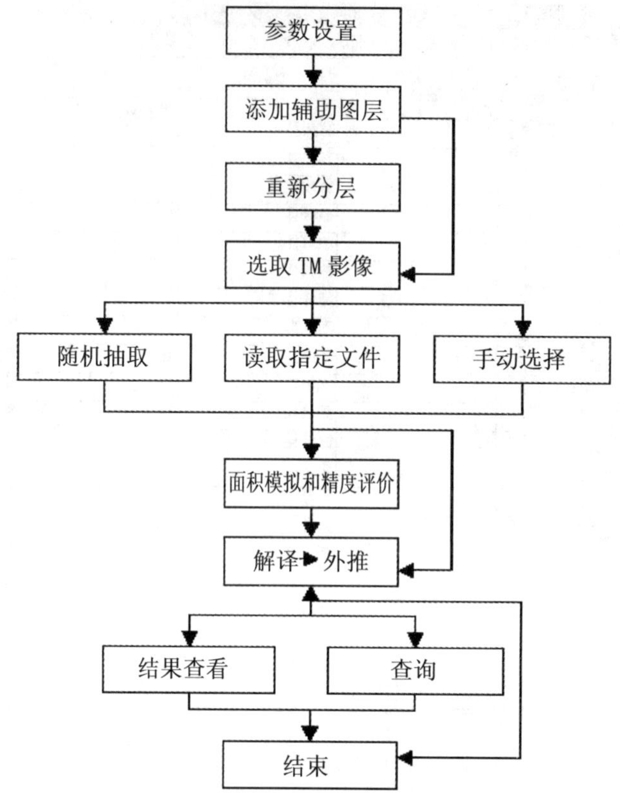

图 0-3　影像抽样外推模型应用流程图

根据这一流程图，用户能够轻松掌握抽样外推模型的使用方法。该模型原先采用 ArcView 的 Avenue 进行二次开发，由于语言的限制，计算过程的中间处理数据精度不够，从而影响了最终结果的精度。在该系统中，解决了精度不够的问题，使用该模型得出的面积模拟和精度评价的结果基本符合该理论模型的要求。

（四）地面调查模型

地面调查模型中既有对空间数据的操作，也有对属性数据的操作。地面调查模型中属性数据的操作主要是对作物样地生育期调查数据（图 0-4）和作物样地生育期指标调查数据的录入，而空间数据主要是照片数据的操作以及根据 GPS 采样点创建样地图层（图 0-5）。

小麦生育期调查　小麦

县基本情况

样地代码：Z001　样地地点：济南市南面　作物品种：冬性冬小麦

省名称：山东省　行政区名称：济南市　作物熟性：无

栽培方式：无　经度：116.3 (-180→180)　纬度：35.2 (-180→180)　高程：35.2

小麦生育期（YYYY-M-D）

播种期：	2004-9-28	出苗期：	2004-10-14
分蘖期：	2004-12-14	越冬期：	2005-1-14
返青期：	2005-2-16	起身期：	2005-3-16
拔节期：	2005-4-10	孕穗期：	2005-4-28
抽穗期：	2005-5-5	开花期：	2005-5-14
乳熟期：	2005-5-20	蜡熟期：	2005-5-28
完熟期：	2005-6-1	收获期：	2005-6-6

全生育期天数：260 天

制表信息

调查时间：2005-6-8

调查人：邓　调查单位：无

保存　清除　取消

图 0-4　作物样地生育期调查

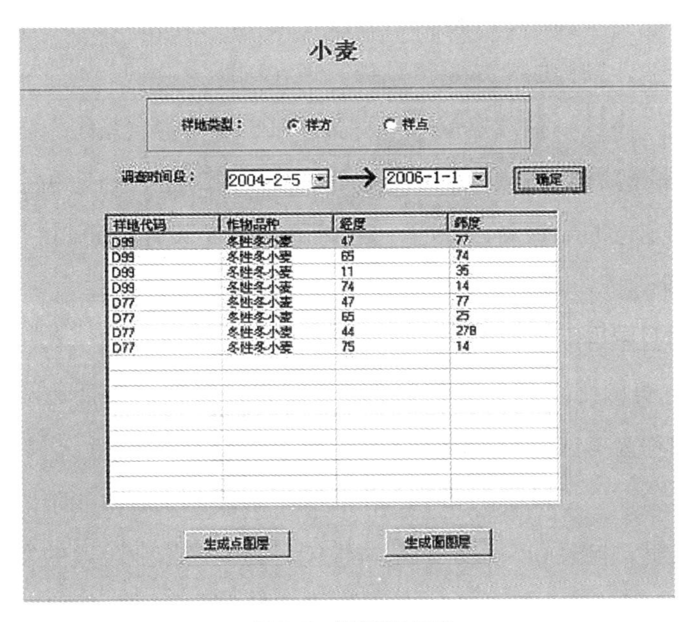

样地代码	作物品种	经度	纬度
D99	冬性冬小麦	47	77
D99	冬性冬小麦	65	74
D99	冬性冬小麦	11	35
D99	冬性冬小麦	74	14
D77	冬性冬小麦	47	77
D77	冬性冬小麦	65	25
D77	冬性冬小麦	44	278
D77	冬性冬小麦	75	14

图 0-5　创建样地图层

地面调查模型的各个功能基本符合原目标的设定，它对作物的地面调查工作中所采集的数据进行集成和管理，方便用户在以后的工作中对它们的使用和查询。

第一章
全球定位系统

第一节　全球定位系统的发展

一、全球定位系统概述

全球定位系统，英文全称是 Navigation by Satellite Timing and Ranging(NAVSTAR) Global Positioning System(GPS)，简称 NAVSTAR/GPS。其中 NAVSTAR 直译为“用卫星定时和测距进行导航”，它的含义是利用卫星的测时和测距进行导航，以构成全球定位系统。现在国际上公认，通常采用其英文全称的后 3 个词，将这一全球定位系统称为“GPS 全球定位系统”。人们一般简称为 GPS。它最初是美国国防部为满足军事部门对海上、陆地和空中设施进行高精度导航和定位的要求而建立的，自 1973 年开始设计、研制，历时 20 年，于 1993 年全面建成。

二、世界卫星导航系统现状

1973 年，美国国防部批准研制 GPS 全球定位系统。这是美国第二代卫星导航系统，被称为美国第三大航天工程。该系统总投资为 300 亿美元，总投资计划包括方案论证、工程研制和生产作业 3 个阶段。工程研制阶段主要包括发射 GPS 试验卫星、检验 GPS 系统的基本性能，为生产作业阶段的发射做准备。1978 年 2 月 22 日，第一颗 GPS 试验卫星成功发射，使 GPS 全球定位系统进入工程研制阶段。1989 年 2 月 14 日，第一颗 GPS 工作卫星发射成功，宣告 GPS 全球定位系统进入最后一个阶段。1993 年，GPS 全球定位系统正式投入运营。

GPS 全球定位系统主要包括空间卫星、地面控制站、接收机 3 个部分。空间部分有 24 颗卫星，均匀分布在 6 个倾角为 55° 的近似圆周轨道上。每个轨道有 4 颗卫星，这是为了确保在各种情况下都能收到至少 4 颗卫星的信号，从而获得坐标、速度、高度、方位角等定位和导航信息。目前GPS地面控制站的主控站在美国本土，还有4个监控站分别在位于大西洋、太平洋和印度洋的岛屿上。根据地面控制站的坐标，可以通过接收GPS卫星信号对GPS卫星进行监控。卫星接收机可以用来接收GPS卫星的无线电信号，然后进行数据处理，从而得出该接收机的空间位置，为用户服务。

美国国防部最初批准研制GPS全球定位系统主要是为海、陆、空3个领域提供实时、全天候和全球性的导航服务，同时用于收集情报、监测核爆和通信应急等军事目的。但是，经过对该系统的应用开发，发现GPS全球定位系统还可以用于高精度的静态和动态定位，以及高精度的速度和时间测量。随着GPS全球定位技术的发展，它已经被世界各国广泛应用，目前是世界上最先进、最完善的卫星导航系统与定位系统，它的导航与定位能力已经被大家认同，具有全球性、全天候、实时高精度以及良好的抗干扰性和保密性等优点，因此世界各国军事部门和广大民用部门对其都非常关注。GPS全球定位系统所达到的高精度以及极高的潜力，也引起了测绘界的高度关注，尤其是近几年，GPS全球定位系统在各个方面的应用中都有快速的发展，应用于各个科学实验活动中，有着很好的发展前景。

现在除了美国的GPS全球定位系统之外，中国、俄罗斯、欧洲和日本也有相似功能的卫星系统。GPS也成了具有类似功能系统的代名词。近几年，GPS精密定位技术在我国也得到了广泛的应用，在地面测量、工程测量与变形监测、资源勘察及地壳动力监测等方面有着迅速的发展，这也足以说明GPS精密定位技术的优越性和潜力。在21世纪，GPS导航与定位技术将会发展得越来越快，应用范围也将越来越广，在我国的经济、国防和科技等方面发挥更为重要的作用。

（一）全球卫星导航系统现状

目前，世界上有四大卫星导航系统，即美国的GPS全球定位系统、俄罗斯的格洛纳斯（GLONASS）全球卫星导航系统、欧洲的伽利略（GALILEO）全球卫星导航系统和中国的北斗卫星导航系统。

1.美国的GPS全球定位系统

1973年12月，美国国防部批准陆海空三军联合研制新的卫星导航系统——GPS。该系统是以卫星为基础的无线电导航定位系统，具有全能性、全球性、全天候、连续性和实时性的导航、定位和定时的功能，能为各类用户提供精密的三维坐标、速度和时间。自 1974 年以来，GPS 计划经历了方案论证（1974 ～ 1978 年）、系统论证（1979 ～ 1987 年）、生产试验（1988 ～ 1993 年）3 个阶段。1993 年该系统建成并开始投入运行。这是美国继阿波罗登月、航天飞机之后的第三大航天计划。至 2009 年 9 月美国共发射了 4 种 GPS 卫星系列。美国的 GPS 是全球卫星导航系统（GNSS）中第一个投入全面工作的系统，而且是从 1993 年以来至今一直稳定运营的唯一系统。当 GPS 进入正常工作之后，1996 年美国便启动 GPS 现代化进程，大幅度提高系统的性能。作为现代化的第一步，在 2000 年 5 月 1 日中止人为恶化民用定位精度的可用性选择，接着在卫星载荷系统、地面运控系统等方面采取积极举措，有效地提高了 GPS 的各项功能和性能指标，使应用范围迅速扩大，用户数量急剧增长，全球掀起了卫星导航系统建设和应用服务的浪潮。GPS 全球定位系统以其高精度、全天候、高效率、多功能、操作简便、虚用广泛等特点著称。

从 2010 年开始陆续发射的 12 颗 GPS-2F 卫星，有不少重大改进，使用了先进的原子钟，系统误差仅为每天 8ns；增加了一个抗干扰的军事信号，且导航信号功率可调，因而具有更强的抗干扰能力；采用了星间链路和自主导航新技术，使卫星能自主运行 60 ～ 180 天；设计寿命达 12 ～ 15 年，可降低成本；抗核打击能力也有所提高。简言之，GPS-2F 为 GPS 星座带来的新能力，使美国许多武器如虎添翼，精确打击能力进一步提高。

2. 俄罗斯的格洛纳斯全球卫星导航系统

起步晚于 GPS，20 世纪 70 年代由苏联开发，主要用于军事目的，耗资约 30 亿美元。2000 年初，该系统只有 7 颗健康卫星保持连续工作。2006 年底，在轨卫星增加 17 颗。2001 年俄罗斯宣布，计划将该系统升级为军民两用的全球卫星导航系统，在整个系统完成 24 颗卫星的部署后，向全球用户提供服务。俄罗斯与美国在华盛顿就卫星导航民用定位应用服务方面发表了两国间的联合声明，就民用导航信号在两个不同导航系统之间保持最大限度的兼容性、促进双方间的国际合作等达成了共识。

为了提高系统的定位精度、定位能力及其可靠性，计划分两步实施。

第一步是于 2004 年发射具有更好性能的 GLONASS-M 卫星，卫星设计寿命 7 ～ 8 年。

改进地面测控站设施。民用频率由1个增加到2个。位置精度提高10～15 cm，定时精度提高20～30 ns，测速精度提高到0.01 m / s。

第二步是研制进一步提高系统的精度和可靠性的第三代GLONASS-K卫星，卫星工作寿命在10年以上。GLONASS-K卫星拟增设第一个导航定位信号，载波频率为1 201.74～1 208.51 MHz。2015年开始研发GLONASS-KM卫星，以便进一步增强系统功能，扩大系统应用领域，提高系统的竞争力。格洛纳斯系统在系统组成和工作原理上与GPS类似，也是由空间卫星星座、地面控制和用户设备三大部分组成。

3. 欧洲的伽利略全球卫星导航系统

1999年，欧盟提出了伽利略全球卫星导航系统计划。系统的实施计划分4个阶段：

第一个阶段是系统可行性评估阶段，任务是评估系统实施的必要性、可行性以及具体实施措施；第二个阶段是系统开发和检测阶段，任务是研制卫星及地面设施，系统在轨验证；第三个阶段是建设阶段，任务是制造和发射卫星，建成全部的地面设施；第四个阶段是运行阶段，计划从2008年开始试验，2011年完成全系统部署并投入使用。

由于种种原因，该系统未能按计划实施，到2008年4月26日才发射第二颗试验卫星，并将建设阶段改为2008～2013年，2013年后再进入运行阶段，欧盟希望在2019年完成全部30颗卫星的发射。

该系统建成后，将为欧洲公路、铁路、空中和海洋运输、共同防务及徒步旅行者提供导航定位服务。该系统主要由空间星座部分［空间段将由分布在3个轨道上的30颗中等高度轨道卫星（MEO）构成］、地面监控与服务部分和用户部分组成。

4. 中国的北斗卫星导航系统

北斗卫星导航系统（BeiDou Navigation Satellite System, BDS）是中国自行研制的全球卫星导航系统，是继美国的GPS全球定位系统、俄罗斯的格洛纳斯全球卫星导航系统之后第三个成熟的卫星导航系统。

我国的北斗卫星导航系统是20世纪80年代提出的“双星快速定位系统”的发展计划。方案于1983年提出，2000年10月31日和12月21日两颗试验的导航卫星成功发射，标志着我国已建立起第一代独立自主的导航定位系统。

2003年12月北斗一号建成并开通运行，2004年北斗一号正式开放，2007年4月14日我国发射第一颗导航卫星，标志着中国正式进入GNSS俱乐部，成为第四个成员。中国的北斗卫星导航系统计划主要分为三步来完成：第一步是建成北斗一号，即第一代北斗导航定位系统，它是区域性卫星导航系统，采用双星有源定位、通信和授时。第二步是北斗二号计划，也即二代导航第一期。北斗二号是亚太区域网，采用无源定位导航、通信和授时，2004年批准立项，2009～2010年是布网高峰期，计划要发射12颗卫星。第三步是北斗二代的全球卫星导航定位系统，采用无源定位、通信和授时。到2020年左右，北斗卫星导航系统将由30余颗卫星组成卫星星座，形成覆盖全球的卫星导航定位系统，中国的北斗将真正成为世界的北斗。

北斗卫星导航系统空间段计划由35颗卫星组成，包括5颗静止轨道卫星、27颗中地球轨道卫星、3颗倾斜同步轨道卫星。5颗静止轨道卫星定点位置为东经58．75°、80°、110.5°、140°、160°，中地球轨道卫星运行在3个轨道面上，轨道面之间相隔120°均匀分布。至2012年底北斗正太区域导航系统正式开通时，已为正式系统在西昌卫星发射中心发射了16颗卫星，其中14颗组网并提供服务，分别为5颗静止轨道卫星、5颗倾斜地球同步轨道卫星（均在倾角55°的轨道面上）、4颗中地球轨道卫星（均在倾角55°的轨道面上）。北斗卫星导航系统包括空间部分、地面控制部分和用户接收部分。

（二）全球卫星导航系统的发展趋势

全球四大卫星导航系统均处于稳定运行状态，GPS系统和格洛纳斯系统将逐步深化其现代化进程，伽利略系统将尽快完成星座部署，我国的北斗卫星导航系统也将继续快速发展，提高服务质量，稳步过渡到全球系统。

未来的一段时间，全球卫星导航产业及应用将向三个趋势发展：从单一的GPS时代转变为多星座并存兼容的全球卫星导航新时代，导致卫星导航体系全球化和增强多模化；从以卫星导航为应用主体转变为PNT（定位、导航、授时）与移动通信和互联网等信息载体融合的新阶段，导致信息融合化和产业一体化；从经销应用产品为主逐步转变为运营服务为主的新局面，导致应用规模化和服务大众化，三大趋势发展的直接结果是使应用领域扩大，应用规模跃升，大众化市场和产业化服务迅速形成。此外，未来的全球卫星导航系统还将具有四大技术特点：一是多层次增强，二是多系统兼容，三是多模块应用，四是多手段集成。

三、世界卫星导航系统未来发展前景

GPS 全球定位系统作为美国国防部垄断的全球卫星导航系统，它的应用和发展前景首先取决于美国的态度。它虽然是出于军用目的建立起来并主要供军事应用，但美国出于各方面的考虑，作为一种既定政策，也要兼顾民用。1991 年和 1992 年，美国在国际民航组织的会议上宣布，从 1993 年起，GPS 免费向全球民用用户提供 10 年以上的服务。1996 年 4 月克林顿宣布 GPS 将向全世界开放商用，保证 10 年内取消 SA 限制（选择可用性限制）。

从 GPS 系统投资建设开始，国际上就有不少公司专业从事 GPS 设备的开发、研制和生产。在接收机方面是减小接收机体积，提高 C/A 码的观测精度和降低功耗；在地面系统方面是建立 GPS 数据链路和通信网。

同时，随着时间的推移和技术进步，GPS 全球定位系统本身也受到改进的压力，如卫星覆盖率的提高，采用更准确更稳定的氢脉塞钟替代铷（铯）原子钟，与其他系统的组合应用等。

我国对 GPS 的开发和利用较早，取得了很多成果，但与发达国家相比，还有一定差距。对于我国来说，开发 GPS 系统资源直接利用美国的卫星，可以节约巨额的卫星制造、发射和系统维护费用，故而可获得较大经济效益。就我国的国土特点和导航定位基础而言，特别适合应用 GPS。总体上，我国在应用 GPS 的规模和层次上还大有作为。

同时为避免 GPS 由于人为因素干扰带来的中断，我国正致力于开发自有的双星快速定位系统。该系统国际上命名为无线电定位业务（RDSS）。它用两颗同步卫星加用户高程数字库（或GIS）定位，具有双向伪码测距和数据通信能力，用较少投资即可建立准全球定位系统。该系统利用地面标准站网通过差分的方法可达到 10 m 的定位精度。用户测距和数据通信时间大致为 20 ～ 80 ms。卫星转发器每波束每小时可满足 30 万用户的使用需求，这样用户的成本投入不会太高。由于定位与数据通信相结合，该系统同样可在诸多应用领域中发挥作用。

第二节　全球定位系统的原理及系统组成

一、全球定位系统的原理

（一）定位原理

GPS 定位的基本原理是测量出已知位置的卫星到用户接收机之间的距离，然后综合多颗卫星的数据计算出接收机的具体位置。卫星的位置可以根据星载时钟所记录的时间在卫星星历中查出，而用户到卫星的距离则通过记录卫星信号传播到用户所经历的时间，再将其乘以光速得到。由于大气层电离层的干扰，这一距离并不是用户与卫星之间的真实距离，而是伪距（PR）。当 GPS 卫星正常工作时，会不断地用 1 和 0 二进制码元组成的伪随机码（简称伪码）发射导航电文。

GPS 卫星部分的作用就是不断地发射导航电文。然而，由于用户接收机使用的时钟与卫星星载时钟不可能总是同步，所以除了用户的三维坐标 x、y、z 外，还要引进一个 Δt 即卫星与接收机之间的时间差作为未知数。所以如果想知道接收机所处的位置，至少要能接收到 4 个卫星的信号。

GPS 接收机可接收到可用于授时的准确至纳秒级的时间信息，用于预报未来几个月内卫星所处大概位置的预报星历，用于计算定位时所需卫星坐标的广播星历，精度为几米至几十米（各个卫星不同，随时变化），以及 GPS 系统信息如卫星状况等。

GPS 接收机通过码的量测就可得到卫星到接收机的距离，由于含有接收机卫星时钟的误差及大气传播误差，故称为伪距。对 OA 码测得的伪距称为 UA 码伪距，精度约为 20 m 左右；对 P 码测得的伪距称为 P 码伪距，精度约为 2 m 左右。

GPS 接收机对收到的卫星信号进行解码或采用其他技术将调制在载波上的信息去掉后恢复载波。严格而言，载波相位应被称为载波拍频相位，它是收到的受多普勒频移影响的卫星信号载波相位与接收机本机振荡产生的信号相位之差。一般在接收机时钟确定的历元时刻量测，保持对卫星信号的跟踪，就可记录下相位的变化值，但开始观测时的接收机和卫星振荡器的相位初值是未知的，起始历元的相位整数也是未知的，即整周模糊度，只能在数据处理中作为参数解算。相位观测值的精度高至毫米，但前提是解出整周模糊度，因此只有在相对定位并有一段连续观测值时才能使用相位观测值，而要达到优于米级的定位精度也只能采用相位观测值。

（二）定位方法

GPS 定位的方法有多种，按照参考点的不同位置可以分为 4 种，分别是绝对定位、相对定位、静态定位、动态定位等；按照观测量分类有伪距法、多普勒法、载波相位测量法和射电干涉法等 4 种。GPS 卫星信号包含多种定位信息，可从中提取不同的参数以满足不同的需求，这些参数主要有：分别根据载波相位和码相位观测得出的伪距，由积分多普勒计数得出的伪距差，由干涉法测量得出的时间延迟。

GPS 观测量包含了卫星和接收机的（时）钟差、大气传播延迟、多路径效应等误差。在定位计算时还要考虑到卫星广播星历误差的影响，大部分公共误差在进行相对定位时被抵消或削弱，因此定位精度会得到很大的提高。双频接收机根据两个频率的观测量抵消大气中主要的电离层误差，适用于精度要求高，接收机间距离较远的情况（大气有明显差别）。

通常来说，接收 1 颗卫星的信号，GPS 接收机能确定出时间；接收到 4 颗卫星的信号，联立求解 4 个方程，可实现三维定位。

$$\sum_{i=1}^{4}(x_{si}-x_u)^2+(y_{si}-y_u)^2+(z_{si}-z_u)^2=(R_i-C_B)^2$$

式中，R_i——伪距离（i=1，2，3，4）；

x_{si}，y_{si}，z_{si}——卫星位置（i=1，2，3，4）；

x_u，y_u，z_u——用户位置；

C_B——用户钟差。

（三）定位精度

目前 GPS 采用的码类有 P 码 (Precision 或 Protect) 和 C/A 码 (Coarse/Aquisition) 两种伪随机码。P 码定位精度高，保密性好，仅用于美国军方和特定用户实时定位，精度可达 10 m，时间精度为 20 ～ 30 ns，三维速度精度优于 3 cm/s。C/A 码仅供民用。美国政府对 C/A 码采取选择可用性 (Selective Availaibilty) 限制，简称 SA 限制。SA 限制是人为降低非授权用户定位精度的一种措施，使定位精度由可能的 30 m 增大到 100 m。

二、数据处理的方法

GPS 定位是运用一系列卫星的伪距、星历、卫星发射时间和用户钟差等观测量来达到的，在定位过程中，主要存在三大误差：①多台接收机共有的误差，如卫星钟差、星历误差、电离层误差、对流层迟延以及美国政府采取的SA限制等带来的误差。②不能由用户测量或校正模型来计算的传播迟延误差。③各用户接收机固有的误差，如内部噪声、通道延迟、多路径效应等。另外一些外部条件的影响也会引起相应的误差，如地球潮汐、负荷潮以及相对论效应等。为除去误差，提高定位精度，世界各国都在努力研究开发各种差分GPS和相对GPS。从理论上说，采用差分技术可彻底消除第一部分误差，消除大部分的第二部分误差（这要视基准站至用户之间相隔的距离而定），而对于第三部分误差，是由GPS接收机自身决定的，一般很难消除。

1. 准载波相位事后差分 GPS

如图1-1所示，准载波相位事后差分GPS是在测量过程中动态目标载体和基准站只需将原始数据记录下来，事后通过数据事后处理机按照基准站记录数据解算出其伪距和相位修正数来修正动态目标载体数据，再现测量过程的一种差分GPS方法，测量精度达分米级。准载波相位事后差分GPS不用已知基准站的精确坐标，没有大量数据的实时运算和传输，提高了差分GPS的使用灵活性。

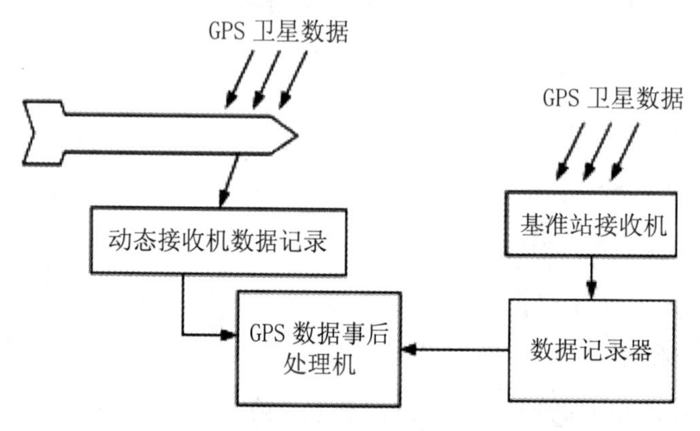

图1-1　准载波相位事后差分GPS测量原理图

在GPS基准站的计算中，可以采用静态方法测定其地心坐标。这样，对每一颗卫星都可以根据基准站位置坐标和由星历计算出的卫星位置求出真正的站心距离 $\boldsymbol{P}^{j}_{b}(1)$，定义载波相位距离为：

$$\Omega^{j}_{b}(1)=\varphi^{j}_{b}(1)+\lambda \boldsymbol{K}^{j}_{b}$$

式中$K^j_b=\frac{\rho^j_b(1)-\varphi^j_b(1)}{\lambda}$。其中，$\rho^j_b(1)$ 为 j 卫星在基准站 B 的首个历元的伪距值；$\varphi^j_b(1)$ 为 j 卫星在基准站 B 的首个历元的相位值；λ 为载波波长。

这样基准站真正的站心距离 P^j_b 和载波相位距离 $\Omega^j_b(1)$ 两者间的差值（不符值）为：

$$L^j_b(1)=P^j_b-\Omega^j_b(1)=\Delta N^j_b+\Sigma$$

式中 ΔN^j_b——由于K^j_b 为近似值而存在的。

Σ——包含卫星钟差、接收机钟差、电离层效应、对流层效应、多路径效应等在内的误差总和。

这里并不需要知道精确的K^j_b 值。因为 ΔN^j_b 非常小，计算出的 $L^j_b(1)$ 值也很小，要求传送的数据量也很小。

在历元 t 时刻的平均不符值为：

$$\mu_b^{(t)}=\mu_b^{(t-1)}+\frac{1}{n}\sum_{i=1} L^j_b(t,\ t-1)$$

式中 n——在历元 t 时刻观测的卫星数。

由此可得在历元 t 时刻，卫星的相位改正值为：

$$\Delta\varphi^j_b(t)=P^j_b(t)-\Omega^j_b(t)-\mu_b(t)=P^j_b(t)-[\varphi^j_b(t)+\lambda K^j_b]-\mu_b(t)$$

上式为准载波相位差分 GPS 发送的载波相位改正数。将这个数据发送给地面设备做定位解算。地面设备接收到基准站发送的相位改正数后，最先对测得的相位值进行改正，

$$\varphi^j_m(t)=\varphi^{\bar{j}}_m(t)+\Delta\varphi^j_b(t)$$

然后，计算出基准站与被测目标间的单差观测值，即

$$-\varphi^j_m(t)-\varphi^j_b(t)=-\rho^j_m(t)+\lambda\ [N^j_{b,m}(1)+K^j_b]-\mu_b(t)+\Sigma$$

式子左端是已改正的载波相位 $\varphi^j_m(t)$ 的负值。最后，用两颗卫星之间的差值作为双差观测量

$$\varphi_m^{j\bar{j}+1}=\varphi_m^{\bar{j}+1}-\varphi^{\bar{j}}_m=\rho_m^{\bar{j}+1}(t)-\rho^j_m(t)+\lambda\ [N_{b,m}^{j,j+1}(1)+K^j_b-K_b^{j+1}]$$

而不是 $N_{b,m}^{j,j+1}(1)$ 的值。这样在求解被测目标的同时就没必要知道基准站的精确坐标值，而只应用在基准站上求得的相位改正数。虽然求得的目标的定位精度比静态方法求出的偏低，但兼有伪距测量的优越性，所以成为实用有效的定位测量技术。为使不符值 $L^j_b(1)$ 尽量小，必须要求平均不符值 $\mu_b(t)$ 和载波相位改正数 $\Delta\varphi^j_b(t)$ 也要偏小，这样就保证了数据传输负载小。如果加大

相位改正数之间的时间间隔，就会进一步使数据传输负载变小。也就是说，如果两历元间不符值的改变小于 GPS 的测量精度，可将一段时间内的相位改正数取平均值后作为该时间段的相位改正数，根据相位改正数的变化率，以实现差分功能。

准载波相位事后差分测量现场首先基准站将其计算的相位改正数按照此时 GPS 的 UTC（协调世界时）时间或本地时间存储起来，为避免基准站计算的相位改正数太大，可在起始历元上将起始整周模糊度做数值变小处理；同时动态接收站将观测到的相位值按照此时 GPS 的 UTC 时间或本地时间存储。之后通过读取基准站存储的相位改正数和动态接收站测量的相位值，经过数据滤波后依据各自数据存储时刻的 UTC 时间或本地时间将基准站相位改正数添加到动态接收站的相位值上，然后计算出位置、速度等相关信息。

2. 相对差分 GPS（RGPS）

GPS 是在大地直角坐标系的 WGS-81 坐标系基础上建立的。因此，我们所讨论的 GPS 或 DGPS 都是相对地球来定位，所以称为绝对定位、绝对差分。但是在很多应用场合，特别是在航空航天领域，对地球的绝对定位并不重要，重要的是两个物体间的相对位置、相对速度和相对姿态。相对定位是通过相对差分来实现的。与绝对差分不同之处是参考站可以活功，它已知的参考坐标可相对于任何一点来定，也可相对于活动的参考站自身（即设为零）。RGPS 就是把一台 GPS 接收机放置在参考载体上，另一台相同型号 GPS 接收机安放在目标载体上，互不干涉实时定位，记录数据。然后，根据参考载体和目标载体的定位数据直接求取目标载体的距离、方位等信息，并相应求出目标载体的速度和运动方向。采用 RGPS 方法，最小设备组合是运用两台 GPS 接收机，如果使用 3 台 GPS 接收机，就能够同时完成两个目标载体距离、方位的测量计算和运动速度、方向的平滑处理。RGPS 方法提高测量精度的原理可以简单概括如下：

基准载体 GPS 测定位置 P_w 含有误差为：

$$P_w=P_{wo}+\gamma+\delta+\varepsilon+\xi+\eta_w+\lambda_w+\mu_w$$

目标载体 GPS 测定位置 P_m 含有误差为：

$$P_m=P_{mo}+\gamma+\delta+\varepsilon+\xi+\eta_m+\lambda_m+\mu_m$$

目标载体和基准载体的相对距离为：

$$P_m-P_w=(P_{mo}-P_{wo})+(\eta_m-\eta_w)+(\lambda_m-\lambda_w)+(\mu_m-\mu_w)$$

式中 P_w——基准载体 GPS 位置测量值；

P_m——目标载体 GPS 位置测量值；

P_{wo}——基准载体位置真实值；

P_{mo}——目标载体位置真实值；

γ——卫星时钟误差；

δ——卫星轨道参数误差；

ε——电离层效应误差；

ξ——对流层效应误差；

η_w、η_m——基准载体和目标载体接收机通道误差；

λ_w、λ_m——基准载体和目标载体接收机噪声误差；

μ_w、μ_m——基准载体和目标载体地面多路径效应误差。

由此可见，采用 RGPS 可以去除卫星时钟误差、卫星轨道参数误差、电离层和对流层效应误差等这些公共误差，剩下的目标载体距离测量误差主要是来自接收机自身的通道、噪声和地面多路径效应，以及卫星信号传播路径不全相同而残余的部分传播环境误差。这一点与差分 GPS 定位能提升定位精度的原理一样。但与差分 GPS 定位有一点不同的是，相对差分 GPS 事后数据处理方法求得的是目标载体和参考载体间的相对位置信息，其距离测量精度与基准点位置精度没有关系，从而不用知道基准点坐标。这一点很重要，因为实际测量中已知精确坐标的基准站是很难找的，而采用传统的使用 GPS 测得的位置计算平均值作为基准点的位置坐标真值存在不可忽略的误差。相对差分 GPS 事后数据处理方法，原理简单，方便实现，是差分 GPS 定位原理的推广应用。

三、系统组成

GPS 全球定位系统是美国第二代卫星导航系统，是在子午仪卫星导航系统的基础上发展起来的，采纳了子午仪系统的成功经验。和子午仪系统一样，GPS 全球定位系统由空间部分、地面控制部分和用户设备部分三大部分组成。

（一）空间部分

GPS 的空间部分由 24 颗工作卫星构成，位于距地表 20 200 km 的高空，均匀地分布在 6 个轨道面上（每个轨道面 4 颗），轨道倾角为 55°。此外，还有 4 颗有源备份卫星在轨正常运行。卫星的均匀分布使得在全球任何地点、任何时刻都可观测到 4 颗以上的卫星，并能维持良好定位解算精度的几何图像。这就提供了在时间上持续的全球导航能力。GPS 定位卫星产生两组电码，一组称为 C/A 码（Coarse/Acquisition Code，11 023 MHz）；一组称为 P 码（Precision Code，101 23 MHz），P 码因频率偏高，不易受干扰，定位精度也高，因而受美国军方管制，并设有密码，一般民间无法解读，主要为美国军方服务。C/A 码人为采取措施降低精度后，主要开放给民间使用。

（二）地面控制部分

地面控制部分由 1 个主控站、5 个全球监测站和 3 个地面控制站构成。监测站均配装有精密的铯钟和能够连续观测到所有可见卫星的接收机。监测站把取得的卫星观测数据，包括电离层和气象数据，经过初步处理，传送到主控站。主控站从各监测站收集跟踪数据，计算出卫星的轨道和时钟参数，然后将结果发送到 3 个地面控制站。地面控制站在每颗卫星运行到上空时，把这些导航数据及主控站指令输入到卫星。每颗 GPS 定位卫星每天输入 1 次导航数据，并在卫星离开输入站作用范围之前进行。如果某地面站产生故障，那么在卫星中预存的导航信息还可使用一段时间，但导航精度会逐渐下降。

（三）用户设备部分

用户设备部分即 GPS 信号接收机。其主要作用是能够捕获到按特定卫星截止角所选择的待测卫星，并跟踪这些卫星的运行。

当接收机捕获到跟踪的卫星信号后，即可测量出接收天线到卫星的伪距离和距离的变化，解调出卫星轨道参数等数据。有了这些数据，接收机中的微处理计算机就能按定位解算方法进行定位计算，计算出用户所在地理位置的经纬度、高度、速度、时间等相关信息。接收机硬件和机内软件以及 GPS 数据的后处理软件包组成完整的 GPS 用户设备。GPS 接收机由天线单元和接收单元两部分构成。接收机一般采用机内和机外两种直流电源。设置机内电源是为了在更换外电源时不中断连续观测。在用机外电源时机内电池自动进行充电。关机后，机内电池给 RAM 存储器供电，以防止数据丢失。现在各种类型的接收机体积越来越小，重量越来越轻，便于野外观测使用。

1. 按接收机的用途分类

（1）导航型接收机　导航型接收机主要用于运动载体的导航，可以实时、准确地给出载体的位置和速度。这类接收机一般采用的是 C/A 码伪距测量，单点实时定位精度较低，一般为 ±10 m，有 SA 限制时的实时定位精度为

±100 m。这类接收机的价格便宜，应用非常广泛。

根据应用领域的不同，此类接收机还可以进一步分为：①车载型，用于车辆导航定位。②航海型，用于船舶导航定位。③航空型，用于飞机导航定位。因为飞机运行的速度很快，所以在航空上用的接收机必须能适应高速运动。④星载型，用于卫星的导航定位，由于卫星的速度高达 7 km/s 以上，所以对接收机的要求更高。

（2）测地型接收机　测地型接收机的应用范围主要包括精密大地测量和精密工程测量。这类仪器是通过采用载波相位观测值来进行相对定位，定位精度较高，但仪器结构非常复杂，价格较贵。

（3）授时型接收机　这类接收机是根据 GPS 卫星提供的高精度时间标准来授时，经常用于天文台以及无线电通讯中的时间同步。

2. 按接收机的载波频率分类

（1）单频接收机　单频接收机只能接收 $L1$ 载波信号，根据测定载波相位观测值来进行定位。因为不能消除电离层的延迟影响，所以单频接收机只适用于短基线（$<$ 15 km）的精密定位。

（2）双频接收机　双频接收机可以同时接收 $L1$，$L2$ 载波信号。它是利用双频对电离层延迟时间的不同，用来消除电离层对电磁波信号的延迟影响，因此双频接收机可用于长达几千千米的精密定位。

3. 按接收机通道数分类

GPS 接收机可以同时接收多颗 GPS 卫星的信号，为了能准确地分离接收的不同卫星信号，从而实现对卫星信号的跟踪、处理和量测，一般来说具有这样功能的器件称为天线信号通道。按接收机的通道数可大致分为：①多通道接收机。②序贯通道接收机。③多路多用通道接收机。

4. 按接收机工作原理分类

（1）码相关型接收机　通过利用码相关技术从而得到伪距观测值，称作码相关型接收机。

（2）平方型接收机　平方型接收机根据相位计测定接收机内产生的载波信号与接收到的载波信号之间的相位差，利用载波信号的平方技术去掉调制信号，恢复完整的载波信号，测定伪距观测值。

（3）混合型接收机　混合型接收机结合了上述两种接收机的优点，从而可以得到码相位伪距，也可以得到载波相位观测值。

（4）干涉型接收机　以 GPS 卫星作为射电源，利用干涉测量方法，测定两测站间距离。

（5）测地型 GPS　测地型接收机可以用于精密大地测量和精密工程测量两种测量。这类仪器的优点是载波相位观测值进行相对定位，定位精度高。其缺点是仪器结构复杂，价格较贵。分为静态（单频）接收机和动态（双频）接收机即 RTK。

美国 Trimble（天宝）导航公司、瑞士 Leica Geosystems（徕卡测量系统）、日本 TOPCON（拓普康）公司在 GPS 技术开发和实际应用方面有较高的知名度。我国的南方测绘集团、广州中海达卫星导航技术股份有限公司、上海华测导航技术股份有限公司、广东科力达仪器有限公司等在这方面也取得了一定成就。

（四）GPS 全球定位系统的特点

目前最好的导航定位系统就是 GPS，具有性能好、精度高、应用广的特点，同时随着全球定位系统的改进，硬、软件的不断完善，以及应用领域的不断开拓，从而普及于各国各部门，同时也开始逐步深入人们的日常生活。

第三节　全球定位系统在农业生产过程中的应用技术

一、在联合收割机实时监测系统中的应用

基于 GPS 和 GIS 的联合收割机实时监测系统可从宏观上掌握小麦收获地区的收获作业进展情况，提高管理水平；实现实时控制，调度优化作业系统，减小非作业浪费，提高机械作业效率；实现抢收抢种，保证粮食品质，具有现实目的和意义。系统设置方案为建立 GPS 控制中心，实时精度达到 100 m 以内，外配若干个移动 GPS；通信传输程序及坐标转换程序用 VB 编写；专业 GIS 软件使用 MapInfo；控制中心平台软件用 VB 语言和 Map X 编写。如图 1-2 所示，系统包括监测中心站、GPS 移动端（若干个）、计算机、GPS 定位卫星、GSM（Global System for Mobile Communication，全球移动通信系统）网、移动端显示装置、系统软件。其中系统软件开发所使用操作系统为 Windows NT 4.0，集成环境有 Visual Basic 6.0、Visual C++ 6.0、MapInfo 5.0、Map X 控件。

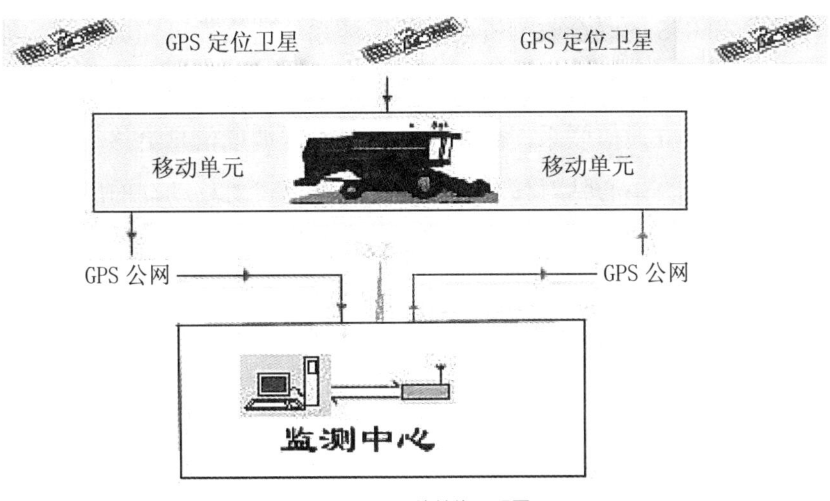

图 1-2　系统结构原理图

基于 GPS 和 GIS 的联合收割机群实时监测系统软件主要功能如下：在中心站接收 GSM 网传送的数据，由串口读入再将数据送入缓存区，然后由 VB 程序读取。即从 GSM 网中接收数据、由串口读入数据，写入缓存区、由 VB 程序读取数据解码并检验电文校验结果，确保信息的可靠性，发送查询命令，通知移动端定时发回定位信息。在中心站向移动端下达调度命令，并实现在移动端显示信息。移动端特定信息回传，报告移动端状态。在相应的电子地图显示接收到的 GPS 信息点，并能得到其动态轨迹。根据用户操作显示，数据库中相关的查询信息及一些相应的辅助功能。

为完成以上功能，在程序的开发过程中使用面向对象的技术，将系统按功能划分为不同的模块。其中 FrmMap 模块是本系统的 GIS 模块，通过调用 Map X 把移动端的位置显示在地图中，同时也实现地图的放大、缩小、距离的测量等（图 1-3）。用户也可在地图上标注位置。

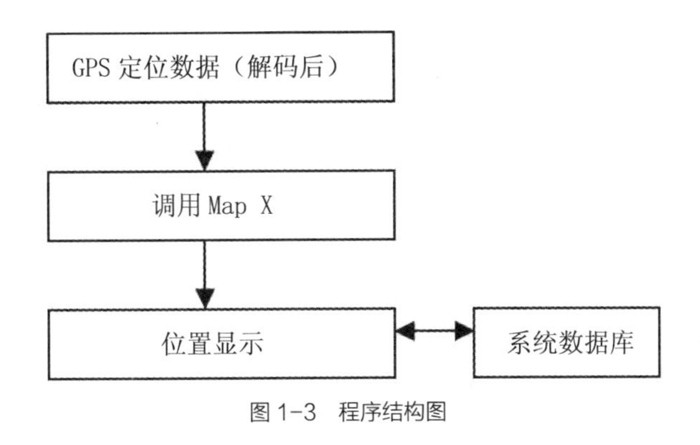

图 1-3　程序结构图

基于 GPS 和 GIS 的联合收割机群实时监测系统建立后可完成如下功能：实时给出某个联合收割机移动端的具体位置，并能够在电子地图中显示；在中心站和移动端之间建立通信联系，即中心站可以发送调度信息给移动端，同时移动端也可简单回应；中心站对移动端有查询功能；可对移动端的历史位置进行简单标注。建立基于 GPS 和 GIS 结合的联合收割机实时监测系统，可达到对联合收割机实时监测的目的。

二、在农业信息数据采集系统中的应用

利用 GPS 技术进行农田空间定位信息的采集是建立田间信息系统的基础。在实际应用中，主要是依靠 GPS 接收机获取空间位置信息（经度、纬度、高程等）。GPS 用户接收机通过接收卫星信号解算出自身的位置、速度，以实现定位导航及定时功能。虽然 GPS 接收机有着强大的功能，但是它还存在着无法保存数据，操作菜单繁琐、重复，不易进行查询等缺点，给实际应用带来了不便。应用目标要通过 GPS 接收机获取空间定位信息，将作为后期处理分析的数据源，如果无法保存数据，测量工作就失去意义。

GPS 接收机提供标准的 RS232 串行端口供用户使用，只要在计算机上开发 GPS 应用软件，就可以利用一台计算机与 GPS 用户接收机连接，来读取 GPS 空间定位信息，并进行处理和保存。对于 GPS 数据的采集、存储和应用可利用笔记本电脑和使用 GPS 应用软件。软件的开发环境大多是 Windows，使用的开发工具为 VB 或 VC。在 Windows 环境下开发 GPS 应用软件，可利用 Windows 的丰富资源生成操作简单、美观大方的可视化图形界面，生成的软件功能强大，易于实现 Windows 环境下 PC 机与 GPS 接收机的串行通信，完成对 GPS 接收机获取的数据的二次开发应用。虽然笔记本电脑作为这种数据采集设备在功能上不存在任何问题，但是在实际的操作中存在很大的缺陷。测量工作均是在野外进行的，且采集的数据量很大，操作时间长；由于地况的原因，大多数测量工作都需要操作人员背负笔记本电脑进行测量，在测量过程中，须频繁操作，这需要有一个人专门负责操作笔记本电脑。和台式机比起来，笔记本电脑已经算是很便携了，但长时间的负重给测量工作带来了很大的麻烦。另外，测量时还要带上足够的电池，这些电池也会增加负重。

为解决这个问题，中国农业大学开发一种便携式与 GPS 配套使用的数据采集器，运行稳定，操作简单，界面清晰友好，功能实用够用，能够满足数据采

集的需求，价格适中，便于推广应用。只要测量数据可靠稳定，完全可将数据在野外暂存起来，再回到实验室利用Windows环境下开发的应用软件进行处理。

随着移动技术的发展，掌上设备已经不仅仅是简单的记事本了，基于掌上设备的应用开发越来越受到人们的关注。掌上设备具有轻巧便携、内嵌的嵌入式操作系统便于开发、价格适中等特点。采用掌上设备进行二次开发GPS数据采集器具有现实意义。采用掌上设备完成与GPS接收机的通信，系统由掌上设备、桌面计算机和GPS接收机组成。其组成如图1-4所示。

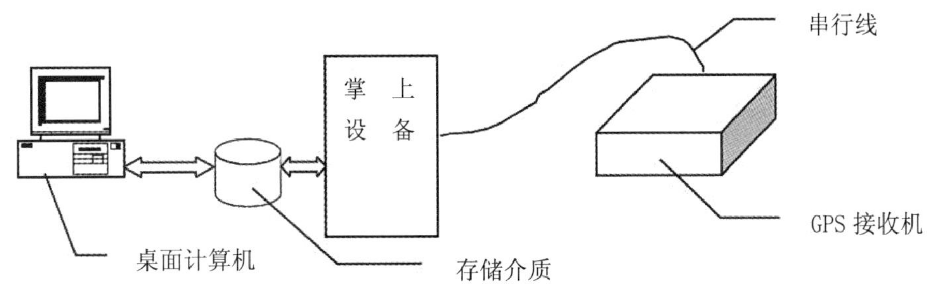

图1-4 系统硬件组成示意图

系统总体解决方案如图1-5所示。

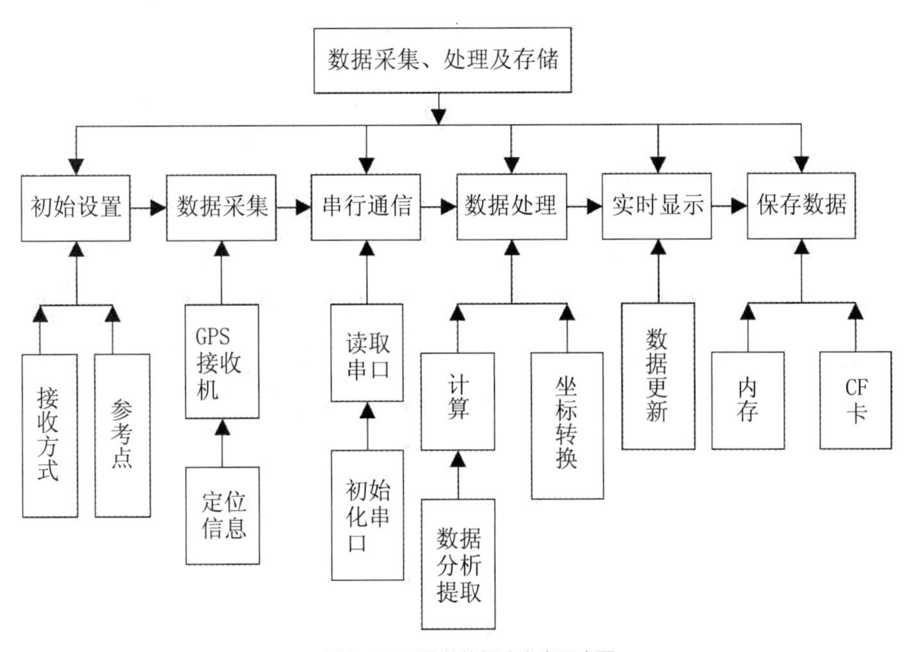

图1-5 系统总体解决方案示意图

•工作流程：GPS 接收机获取 GPS 空间定位数据，通过串行线传输到掌上设备，掌上设备通过应用软件完成数据的读取、处理和显示，并将数据保存到存储介质中，回到实验室后，将存储介质中的数据同步到桌面计算机，利用 Windows 环境下的软件进行进一步的处理。系统数据流程如图 1-6 所示。

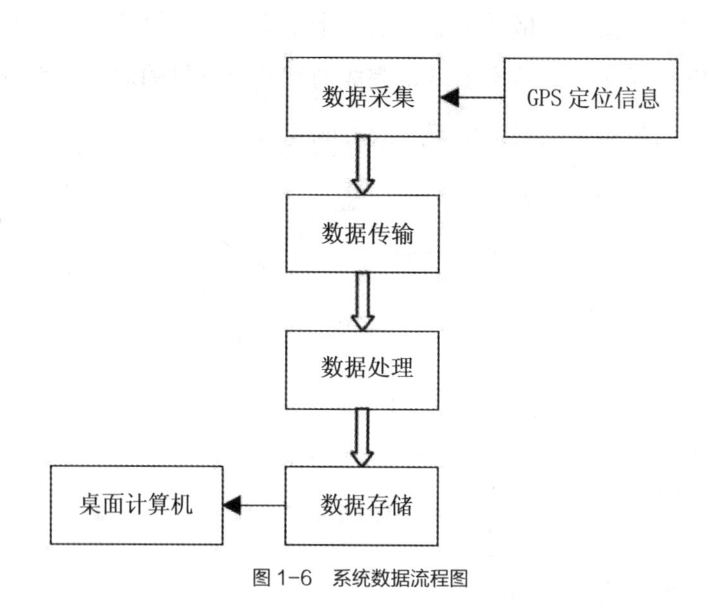

图 1-6　系统数据流程图

•主要界面设计：设计用户界面在整个应用程序的开发中是非常重要的一个环节。用户界面是由菜单栏、工具栏和视窗组成的主框架，菜单栏设有【文件】、【添加】和【关于】3 个菜单选项，如图 1-7 所示。【文件】菜单下设有【接收数据】、【保存】、【另存为】及【退出】4 个选项，如图 1-8 所示。点击【接收数据】选项，将弹出接收数据对话框，这是应用程序与用户交互的主要操作界面，用于显示各种数据、设定采集方式、参考点、保存方式等，如图 1-9 所示。【添加】菜单下设有【添加数据】选项，如图 1-10 所示。点击【添加数据】选项将弹出添加数据对话框，在这里用户可以添加其他的土壤信息。

图 1-7　用户界面

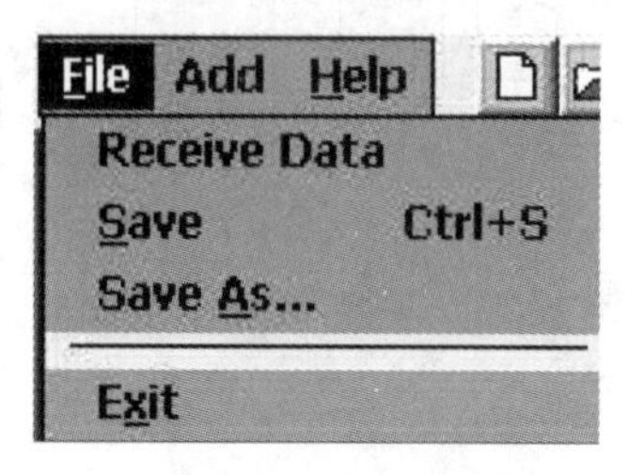

图 1-8　【文件】菜单

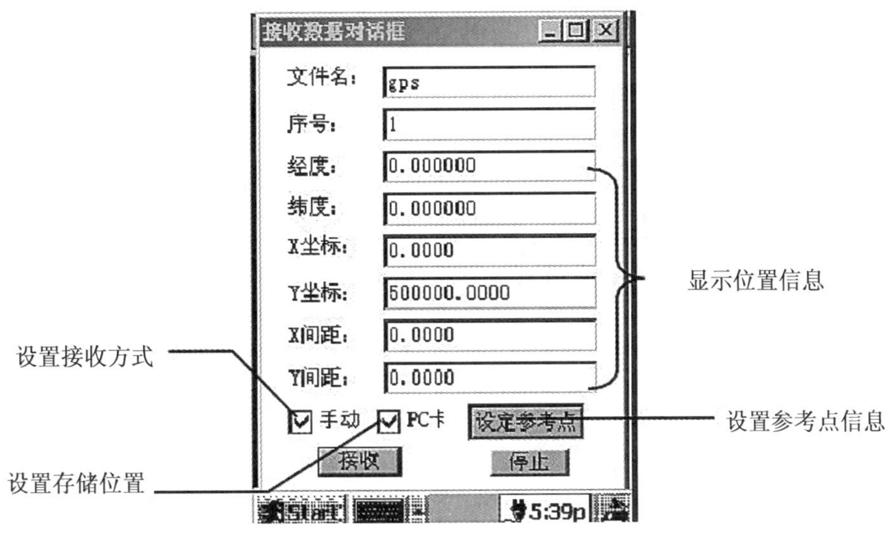

图 1-9　接收数据对话框

图 1-10　【添加】菜单

三、在激光平地机作业路径规划中的应用

由于我国对精准农业的研究起步较晚，农田地理信息系统技术的研究还不成熟，综合考虑目前我国精准农业与其相关的技术发展水平，对基于 GPS/GIS 的激光平地机的路径规划进行开发研究，以促进我国精准农业技术的发展，缩小同发达国家的差距，对田间作物的管理（如精确施肥、播种、灌溉、喷药等）提供技术支持，实现传统农业向现代化农业的转变，加快我国农业现代化进程。

激光控制平地系统是实现节水灌溉的重要技术装备，其作业路径规划是实现土地平整的关键技术。为适应我国精准农业研究与发展，更好地推广激光控制平地技术与满足精细农作的需求，研究目标设定为基于 GPS/GIS 的激光平地机的路径规划方法，开发一套平地的导航电子地图；能够根据地块特性和农机具要求，规划出当前要行驶的期望路径；能够实时显示拖拉机的当前路径与规划的期望路径间的偏差，可以辅助驾驶员高效完成平地作业。激光控制平地作业现场如图 1-11 所示。

图 1-11　激光控制平地作业现场

（一）激光控制平地系统的总体方案设计

激光控制平地系统的研究是在铁牛 654 拖拉机上搭建完成的，主要由激光测高仪、激光平地机（拖拉机和激光控制装置）、GPS、计算机等组成。首先用 GPS 测量试验地块的特征数据，获取地块边界后建立实验地块的矢量电子地图；其次在试验的地块上划分栅格，测量高程值；再根据测量的高程值计算平均高程，确定平地的设计高程，作为平地基准；然后根据确定的平地基准计算工程土方量，调整设计高程；利用组件式 GIS 技术在做好的电子地图上规划出激光平地机的作业路径，最后再通过 GPS 导航定位系统实时获取定位信息，调整拖拉机按照已经规划好的路径行驶；平地结束后，按照相同的栅格再次测量高程值，对平地效果进行分析评价。其总体结构如图 1-12 所示。

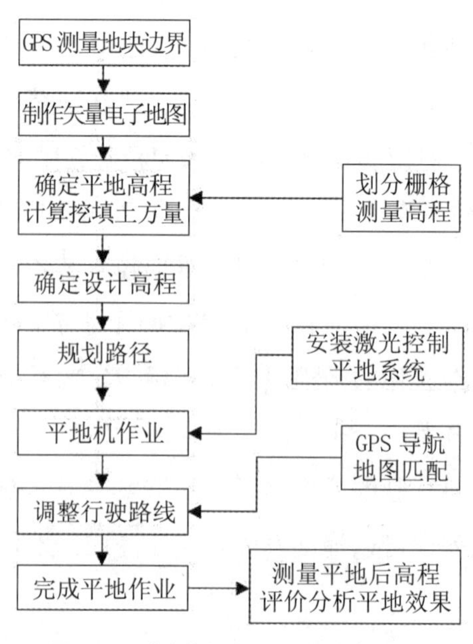

图 1-12　激光控制平地系统总体结构图

为了实现上述功能，基于 GPS/GIS 的激光平地机的路径规划关键内容主要由 6 部分组成，即：GPS 获得地块信息以制作电子地图；测量平地前高程值，确定平地的设计高程值；计算工程土方量；用不同的方法进行路径规划，建立平地路径库；导航控制、地图匹配；平地结束后再次测量高程值，对平地效果进行分析评价。

（二）路径规划方法的总体结构

基于 GPS/GIS 的激光平地机的路径规划方法的研究是先搭建激光控制平地的硬件平台；然后通过 GPS 接收机接收由卫星发出的静态数据，在做好的电子地图底图中显示出地块边界；架设激光测高仪，根据测得的高程数据确定设计高程值，再根据地块情况、平地要求、农机具的特点等规划出合理的作业路径；当平地机作业时，通过 GPS 的动态跟踪数据实时显示作业情况，驾驶员根据 GPS 实时获得的数据点调整作业路线。总体的功能是在根据绘制的地块边界规划出合理的田间作业路径并存储路径关键数据。平地机的路径规划方法研究的总体设计流程如图 1-13 所示。

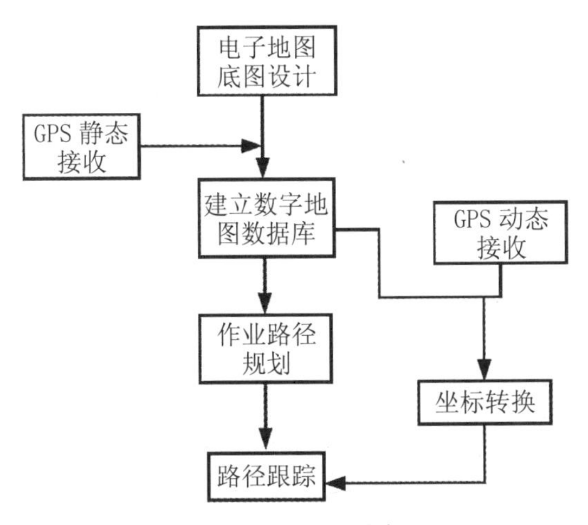

图 1-13　路径规划设计流程图

要实现上述功能，系统主要组成为激光平地机（由拖拉机、激光发生器、激光接收器、液压控制器和铲运设备等部分组成）、计算机、GPS 设备、系统软件。系统的软件构成与主要功能如图 1-14 所示，主要有 4 个子模块组成：GPS 模块、地图编辑模块、数据分析模块、平地设计模块。

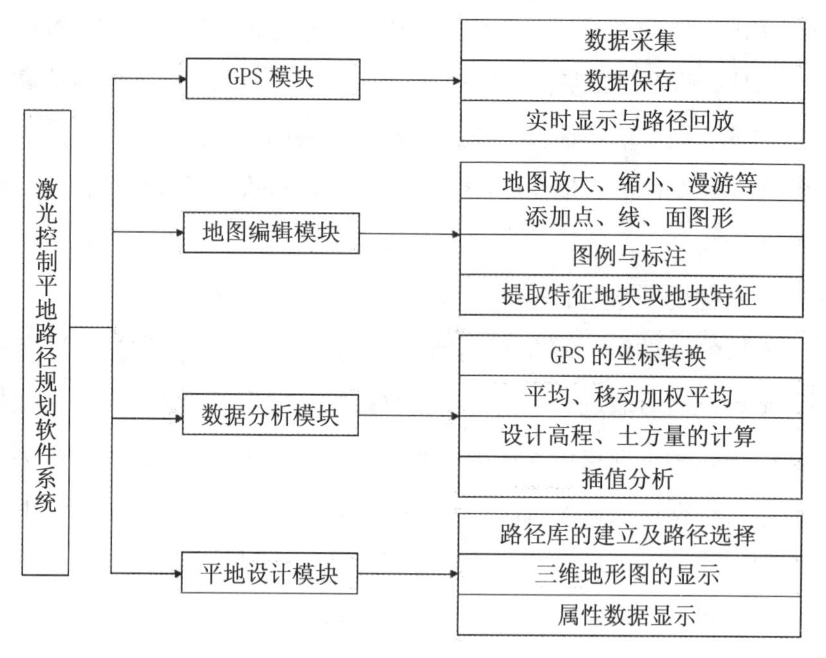

图 1-14　系统的软件构成

（三）系统开发

本系统由 Windows 平台、计算机、GPS 组成测试和开发平台，要求能利用 GPS 测量地块属性数据，进行电子地图底图的绘制；还要求利用 GPS 接收机对车辆进行实时跟踪、显示以及路径回放。根据系统要求和现有设备，田间测绘时，GPS 采用差分方式工作。基站使用 Trimble AgGPS132 GPS 接收机，差分改正信号的发射与接收使用一对 Trimble Tri2Mark Ⅲ 电台进行；移动站使用一台 Trimble AgG2PS132 GPS 接收机。差分改正信号的有效覆盖半径约为 10 km，该系统的 GPS 定位数据具有亚米级的精度，经测试，满足实际的要求。

（四）激光平地作业路径规划的数据分析

激光控制平地成套设备一般由激光发射装置、激光接收装置、控制器、平地铲运设备和拖拉机 5 个基本部分构成，如图 1-15 所示。GPS 数据采集程序运行结果如图 1-16 所示。利用激光控制平地技术，首先要考虑的就是农田平整工程设计，而农田平整工程设计中最关键的技术就是农田地面高程设计和土方工程量的计算及调配。

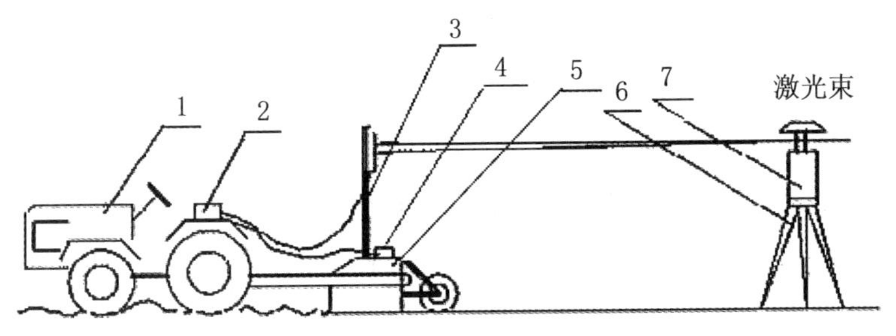

图 1-15　激光平地技术组成示意图

1. 拖拉机　2. 液压控制器　3. 激光接收器支架　4. 液压控制阀　5. 平地铲
6. 激光发射器三角支架　7. 激光发生器

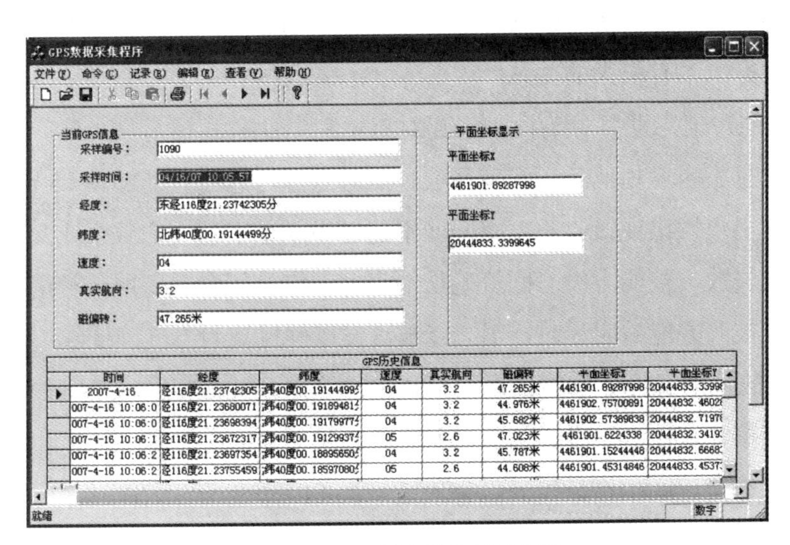

图 1-16　GPS 数据采集程序运行结果

四、在车辆监控系统车载台中的应用

应用 GPS 技术、现代无线通信技术、GIS 技术，开发集反劫、防盗、报警、调度等功能于一体的现代车辆监控系统，对车辆位置和相关状态进行实时监控，必然有助于改善和加强各部门对车辆进行可靠、安全、有效的管理。系统主要设计目标是为我国各大公司、交通、公安等部门提供性能可靠、安全适用、系统规模可扩展性强的车辆监控系统。也可建立公共监控中心，为广大的私人用户提供私车反劫、防盗、定位以及道路查询等服务。

车辆监控系统车载台安装在机动车辆内部，完成车辆的定位、与车辆监控系统监控中心通信、控制车辆等功能。为此，车载台硬件分为定位模块、通信模块、控制模块等 3 个部分。定位模块采用 GPS 卫星定位系统，通信模块采用 GSM 手机模块，以短消息业务与监控中心通信。

（一）车载台到监控中心通信方式的设计

设计目标是选择传输快捷、可靠，费用低廉，网络覆盖面广的车载台到监控中心的通信方式。根据我国移动通信的现状，目前主要有 VHF/UHF 单信道呼叫网、集群移动通信网，GSM 移动数字通信网可用于车辆监控系统。本节内容是基于 GSM 短消息业务对车辆监控系统进行设计的。

GSM 系统是目前基于时分多址技术的移动通信体制中最成熟、最完善、应用最广的一种系统。我国目前已建成覆盖全国的 GSM 数字蜂窝移动通信网，是我国公众陆地移动通信网的主要方式。它提供多种业务，主要有话音业务、短消息业务、数据业务等，选择哪一种业务传送 GPS 车辆定位数据对整个系统的性能和运行成本有很大的关系。

GSM 的短消息业务分为两种：点对点短消息业务和短消息小区广播业务，目前短消息小区广播业务还没有开放。点对点短消息业务能够使 GSM 数字移动通信网的用户发出或接收长度有限（不超过 140 个字节）的数字或文字消息，如果传送失败，被叫方没有回答确认消息，网络一侧会保留所传的消息，一旦网络发现被叫方能被叫通时，消息能被重发以确保被叫方准确接收。

GSM 的短消息业务利用信令通信传输，这是 GSM 通信网所特有的，不用拨号建立连接，直接把要发的消息加上目的地址发送到短消息中心，由短消息中心再发送给最终的信宿，短消息每次限制在 140 个字节以内，这对 GPS 定位数据来讲足够了。短消息业务用于 GPS 车辆监控最大的优点在于其无须建立连接，服务费用较低，这适于把每次定位数据随时发送到监控中心。

（二）性能分析

移动用户通过 GSM 网将短消息输入至短消息中心（SC），由 SC 通过移动交换中心（MSC）将短消息发送至指定的移动用户。移动台发送短消息至 SC 和 SC 将短消息发送至指定移动用户是两个相同的信令过程，只是方向相反。其中影响流量的接口主要有两个：移动台（MS）与基站（BSS）之间的接口——无线接口（Um 接口）、BSS 与 MSC 之间的接口——A 接口。A 接口采用 7 号信令的信号接续控制部分，其物理层连接采用 PCM 一次群（2.048 Mb/s），而 Um 接口地信道速率是 270.83 kb/s，每时隙信道速率是 22.8 kb/s。

根据以上分析，基于 GSM 短消息业务的车辆监控系统的容量主要由短消息中心的处理能力和无线信令信道的承载能力决定。短消息中心的忙时处理能力一般在每秒 1 200 条信息以上（以大唐电信的 SMC30 短消息中心为例），容量支持 150 万用户以上，消息存储时延小于 1 s（95% 的概率）。

总之，基于现有实验，可以得出 GSM 作为公用陆地移动通信网，具有其他通信方式所不可比拟的优越性，它通信范围广、容量大、提供数据业务，短消息业务经济实惠，是车辆监控系统比较好的一种数据传输方式。

（三）GPS 和 GSM 车辆监控系统通信组网方案设计

在确定采用 GPS 技术以及使用 GSM 网短消息业务作为通信手段以后，设计出整个系统的组成图，GPS 和 GSM 集成车辆监控系统总体组成如图 1-17 所示。

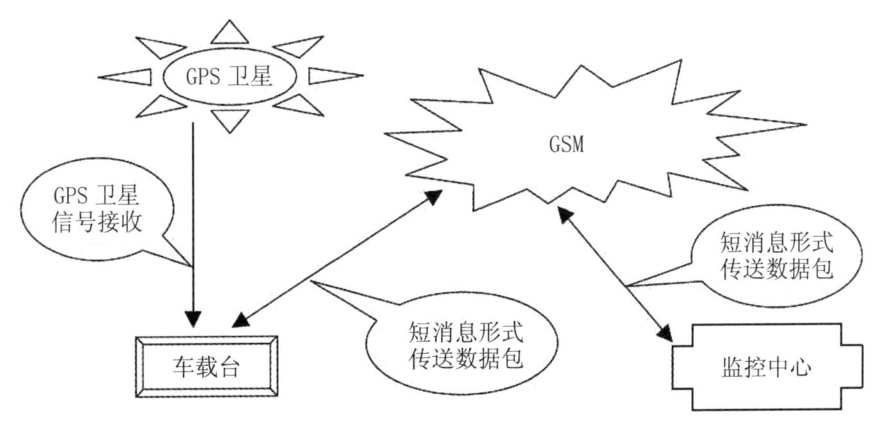

图 1-17　GPS 和 GSM 集成车辆监控系统组成图

（四）机动车辆车载台设备功能设计

为实现反劫、防盗、调度等功能，车载台除了能接收 GPS 信号，解算出车辆所在位置的位置信息以外，还必须配置相应的模块，以便实时采集车辆状态信息，并能接受监控中心的指令控制。由此，车载台的设计可划分为 3 个模块：控制处理单元、GPS 模块和 GSM 模块（图 1-18）。

（1）控制处理单元　功能包括接收 GPS 定位数据、GSM 模块接口、控制 GSM 模块自动拨号和自动收发数据、收发短消息、显示车辆位置、自动 / 人工报警、遥控制动汽车等。报警主要用于车辆故障或特殊情况下（被盗、被劫持等）使用。报警时可报告车辆编号、状态、位置等信息，监控中心收到报警信息后可遥控该车熄火、断油等操作，致使报警车辆不能离开出事地点。

（2）GPS 模块　用于接收 GPS 卫星发来的信号并解算出定位信息，由控制处理单元读取、显示并通过 GSM 模块送达监控中心。

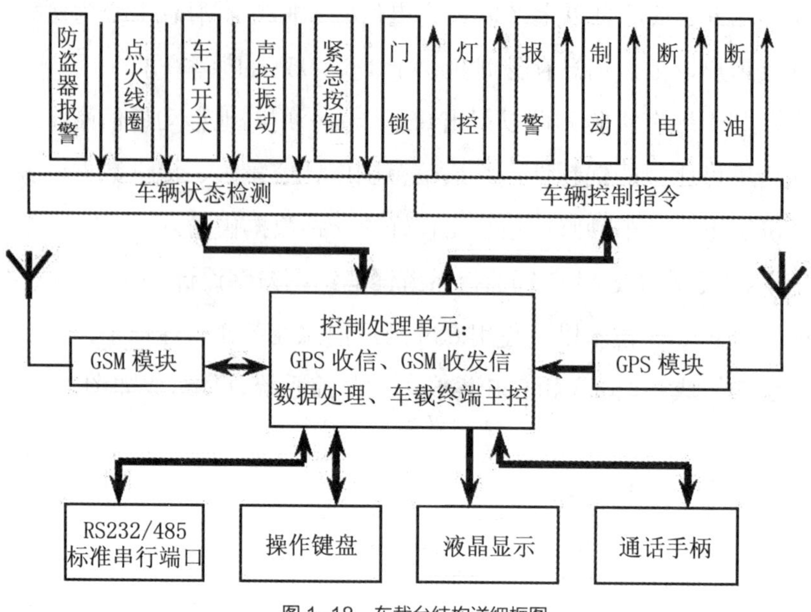

图 1-18　车载台结构详细框图

（3）GSM 模块　提供语音、短消息业务，控制处理单元可以向 GSM 模块发送拨号等控制命令以完成通话、收发短消息等操作。GSM 的短消息可与通话同时进行而互不影响。

（五）车辆监控系统监控中心软件总体设计

车辆监控系统监控中心软件的设计目标是操作方便灵活，运行可靠，系统可扩展性强。为此，把监控中心软件划分成短消息派发中心、数据库服务器以及监控台 3 个模块。3 个模块分布运行，各司其职并密切配合，共同完成监控中心数据存储、查询、显示，指令发送，系统管理等功能。

（六）车辆监控中心软件拓扑结构

监控中心的总体拓扑结构如图 1-19 所示。

监控中心软件部分，呈现一种树状拓扑结构，各模块之间通过 TCP/IP 通信，构建自己的应用层通信协议，建立系统模块之间快速、可靠的信息传递。树状的拓扑结构中，树根是监控中心的短消息派发中心，它是与 GSM 网短消息中心进行连接的唯一节点。所有短消息的进出全部经过短消息派发中心。短消息派发中心可与若干有授权的数据库服务器相连，把从 GSM 网短消息中心接收到的短消息转发给特定的数据库服务器。每个数据库服务器也可接收若干有授权的监控台的连接请求。数据库服务器除了存储车载台信息、操作员操作记录等信

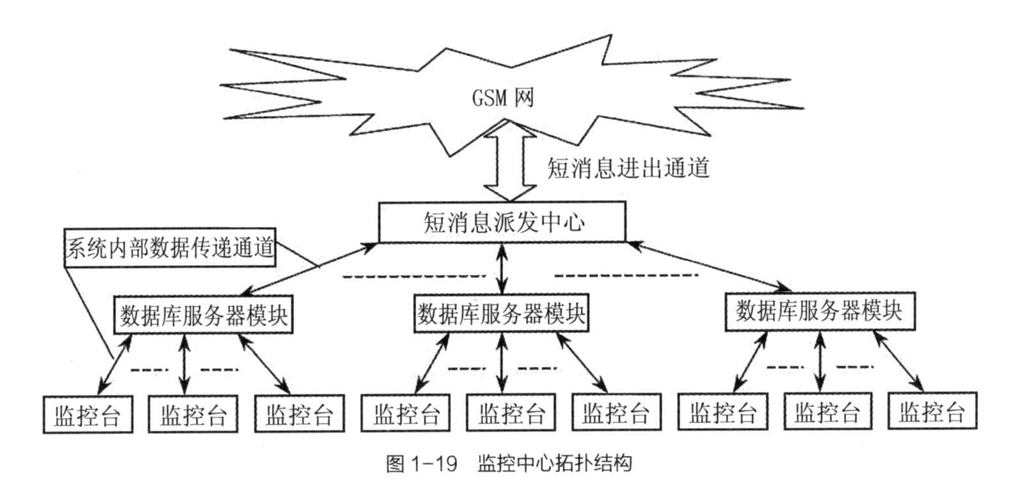

图 1-19　监控中心拓扑结构

息以外，还负责把信息转发给特定的监控台，以便在监控台上显示车辆状态信息。

1. 简化数据包进出监控中心的管理，尽可能复用与 GSM 网短消息中心的连接

由于系统只有短消息派发中心一个短消息的出入节点。只有经过授权的数据库服务器模块才能收发短消息数据包。通过在短消息派发中心进行相应配置，就可实现对短消息收发的控制。与此类似在数据库服务器模块进行相应配置，就可管理监控台收发数据。另外，与 GSM 网短消息中心的专线连接，其连接容量非常大，如果所需监控的车辆数量不是很多的每个企事业单位，都自己申请一条与 GSM 网短消息中心专线连接，既增加费用，又不能充分利用连接容量。所以，对于中小单位，可以合用一根连接专线，共用一个短消息派发中心。每个单位拥有自己的数据库服务器模块，接受属于自己单位的车辆车载台的短消息数据包。这样可以使多家单位复用一根连接，降低了使用费用，也降低了使用车辆监控系统的门槛。

2. 对于这种树状的结构，系统的规模极易扩展

随着系统规模变化，只需要增减适当的数据库服务器模块以及监控台和相应的监控台操作人员，就能满足不同规模的系统需求，并且保持系统总体拓扑结构不变，不会增加系统维护的额外开销，也不会改变系统运行方式。

3. 系统运行方式的灵活

监控中心各模块之间可以通过多种连接方式，或远或近地连接起来，使系统实现跨地域的分布式结构。树状的拓扑结构为在这种分布式系统结构上实现

灵活的系统运行模式提供了便利。最显著的一点就是可以在数据库之间和监控台之间，实现车辆被管辖权的动态设置。例如省域公安警车监控调度系统。其短消息派发中心可位于省公安厅，各市的公安局建立一个数据库服务器模块，与省厅的短消息派发中心相连，接收其管辖的车辆信息。每个数据库服务器管辖特定范围的车辆。每辆车都由特定的数据库服务器管辖。这种车辆和数据库服务器的对应关系称之为静态或固定对应关系。假如一辆车进入了另一个城市，需要这个城市的监控台帮助监控。就可以动态添加临时委托另一个城市的数据库服务器同时监控这辆车的设置到短消息派发中心。短消息派发中心就能把这辆车的信息同时发向拥有其固定和临时管辖权的数据库服务器模块。另外，在一个数据库服务器范围内的监控台之间也能实现类似的功能。这项功能为大规模 GPS 车辆监控系统各子单位之间协同工作，提供了实现条件。

（七）监控中心各模块之间的通信功能

为了确保传输的可靠性、稳定性，软件部分各模块之间采用 TCP/IP 通信方式。在短消息派发中心与数据库服务器之间，短消息派发中心是服务端，数据库服务器是客户端。数据库服务器与监控台之间，数据库服务器是服务端，监控台是客户端。在 TCP/IP 协议之上是我们定义的应用层协议，用于完成系统的各项功能。

由于 TCP/IP 是非消息边界保护的通信协议。所以在设计时，在每个数据包都加上了数据包起始或终止信息，并在接收数据端维护一个环形接收缓冲区。专门用一个线程负责接收数据，收到的数据包放入环形接收缓冲区，同时，另外一个线程不停地分析、处理缓冲区的数据。这是整个程序通信功能的实现结构。数据包的总体结构如表 1-1 所示：

表 1-1　数据包的总体结构

HeaderGS	（2 字节）
数据长度	Short int（2 字节）
数据包类型	BYTE（1 字节）
数据体	(size-6) 字节
数据结尾	（1 字节）异或和 Checksum

在这个数据包结构的基础上，定义许多不同的以完成系统各种功能的数据包。每个数据包以网络字节顺序发送，为以后跨平台传输数据打下基础。不同的数据包，就是不同的网络指令。这些指令可分为两类：一类是在模块之间传递数据，比如车辆位置信息、监控台发向车载台的指令信息。另一类是在模块之间维护模块状态的信息，包括改变和设置短消息派发中心、数据库服务器转发数据包的设置。

（八）监控中心系统初始化和运行操作

1. 系统初始化

系统运行之初，要进行相应的初始化工作，完成系统的初始化设置。

（1）短消息派发中心　短消息派发中心的初始化，是配置所连接的数据库服务器模块的 ID 号、名称。以便数据库服务器模块登录短消息派发中心时，进行身份认证。

（2）数据库服务器模块　数据库服务器模块的初始化比较复杂。首先要配置所连接的监控台的 ID 号、名称等，还有操作员 ID、密码等信息，用于监控台和操作员登录时，进行身份认证。另外，最重要的，是进行车载台信息设置。包括车载台 ID、司机姓名等，还有这个车载台归属哪个监控台固定管辖。这些信息在监控台和短消息派发中心都不用进行手工配置，而是从数据库服务器模块向监控台和短消息派发中心同步传送。数据库服务器模块向短消息派发中心传送的车载台的信息，在短消息派发中心处形成车载台和数据库服务器模块的固定、静态的对应关系。数据库服务器模块传向监控台的车载台信息，在监控台处形成监控台所管辖的车载台的信息列表。

至此，系统的初始化工作已经完成。短消息派发中心、数据库服务器模块都能分别接收数据库服务器模块、监控台的登录请求，与它们建立 TCP 连接。并且车载台发送回来的短消息，也能根据系统设定，发给特定的数据库服务器模块和监控台。

2. 运行操作

默认情况下，所有车辆都不被监控台监控，只有当监控台对其管辖的车辆申请监控时，才被监控。在被监控的情况下，与其有关的信息会被发送至该监控台，否则这些信息只存放在服务器，并不发送至监控台。除非接收到的是报警信息、响应查询信息、请求发送当前地图消息、应答或拒绝调度信息。在接收到报警信息后，马上设置该车辆为被监控状态，并发送信息至相应的监控台。在接收到响应查询信息、请求发送当前地图消息、应答或拒绝调度信息后，将这些信息发送至监控台，但并不改变该车辆的监控状态。

监控台可向别的数据库服务器或同一数据库服务器下的其他监控台赋予临时监控其固定监控的车辆的权力，也可以取消这个权力。这一功能的实现，极大地丰富了系统的操作方式。

第四节　全球定位系统在农业机械中的应用技术

一、在大型平移式喷灌机中的应用

大型喷灌机的变量控制是精准农业技术的主要研究内容，如何监测与控制该类农业机械在田间的行走速度和方向具有重要意义。重点探讨 GPS 精密定位方法和农业机械姿态、偏航距离测定方法以及载波相位运动基线测速方法。针对大型平移式喷灌机的自动变量控制问题，介绍高精度 GPS 的组合导航系统以及定位测量方法，通过田间试验对该方法进行验证。试验表明该技术可以应用于精准农业各种田间定位与导航场合，具有一定的实用价值。载波相位测量方法已被证明是一种高精度的测量方法。采用载波相位测量方法的 GPS 静态定位已达到 ±5 mm+0.01 ppm 的测量精度，Trimble 公司的 5700 双频 GPS 接收机在 RTK 动态实时定位的精度达到：平面 10 mm+1 ppm(RMS)，高程 20 mm+2 ppm(RMS)。这是因为，对载波相位测量（*L*1）而言，可达到 0.002 9 mm 的距离分辨率。因此，GPS 载波相位测量已经成为高精度定位的主要方法。该方法将是精准农业田间高精度定位与导航应用的技术核心之一。

大型平移式喷灌机的变量控制是以全方位的、可靠的自动控制技术为支撑。试验装机的大型喷灌机采用各跨同步行走自动控制方式、对地自动调速控制方式以及摆角归零法的自动控制方式。可以基于土壤水分分布处方图进行自动变量作业，由于采用了无线自动遥测、遥控和远程数据通信等技术，该 GPS 导航定位系统采用相对定位方式；另一方面，为了考核 GPS 自动跟踪定位方法的实际应用情况，对该喷灌机的偏航距离的测量采用自动跟踪定位方法，并与设置的超声波测距系统进行对比。

1. 系统构成

大型平移式喷灌机控制系统以及 GPS 测量与定位系统的布置图。GPS 系统有两套，一套由 Trimble 5700 的基准参考站和流动站组成，形成高精度的标准测量系统，以检验本文提出的方法的正确性与准确性。第二套为由 3 个 Jupiter GPS OEM 板接收机组成基准参考站和动 - 动基线的双接收机的流动站，构成大型喷灌机相对定位系统和姿态测量系统。

2. 大型平移式变量喷灌作业计划

大型平移式喷灌机的变量控制作业是按计划进行的。作业农田的边界是通过遥感图像和 Trimble 5700 GPS 系统进行测量确定的。

试验计划是借助于 Trimble 的 TGO（Trimble Geomatics Office）软件完成，通过该软件设计作业处方图的各区域，再将处方图的各区域信息下载到机载电脑中，结合遥控系统对整个大型喷灌机进行自动变量控制。

该试验主要是对大型喷灌机前进方向进行导航控制，定位变量喷水控制以及行走速度的控制。主要通过对喷灌机的各跨地轮行走速度的控制来实现，对大型喷灌机的前进方向进行反馈式导航控制，采用对喷灌机各跨地轮进行正反向比例调速以实现转向控制，以控制喷灌机的姿态。

3.GPS 载波相位差分定位试验情况

GPS 载波差分定位系统由 3 个 Jupiter GPS OEM 接收机组成。该 GPS OEM 板所组成的测量系统是采用一台作为差分基准站，另两台作为流动站，一个安装在大型平移式喷灌机距中心 2 m 远的左侧机架上，另一个安装在距中心 2 m 远的右侧机架上。

与 GPS 研究相关的测试内容包括 Jupiter OEM 板的伪距绝对定位、伪距差分定位、载波相位绝对定位和载波相位差分定位。测试地点在中国农业机械化科学研究院昌平小王庄精准农业试验基地进行，测试给定降水量所对应的变频控制行走速度参数为 40 Hz 且控制保持在整个测试过程中不变。大型喷灌机变量控制田间运行轨迹图见图 1-20。为了给出喷灌机运动过程中的实际状态，滤除了信号的高频干扰。

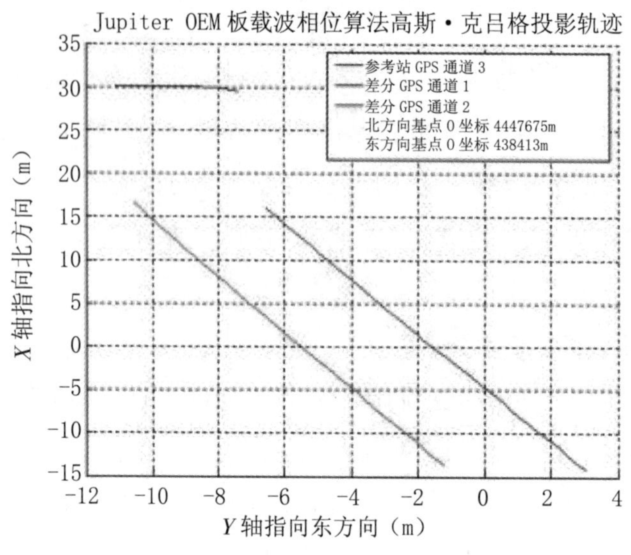

图 1-20　大型喷灌机变量控制田间运行轨迹图

建立载体坐标系，定义大型喷灌机的中心点为原点，即为主天线相位中心点，沿喷灌机横跨右方向为 *Y* 轴，垂直于喷灌机机架的前进方向为 *X* 轴，*Z* 轴与 *X*，*Y* 轴垂直正交向上，而构成左手坐标系。定义当地地理坐标系为，原点设定在 x=4 447 675 m，y=438 413 m 的位置上，*X* 轴指向正北方向，*Y* 轴指向东方向，*Z* 轴与 *X*，*Y* 轴构成左手坐标系指向上。

GPS 所得到的是 WGS-84 大地坐标（*B*84，*L*84，*H*84），由此计算出直角坐标（*X*84，*Y*84，*Z*84），再转换为北京 54 直角坐标（*X*54，*Y*54，*Z*54），计算出北京 54 大地坐标（*B*54，*L*54，*H*54）后应用高斯－克吕格投影转换为高斯平面坐标（x, y），该坐标系的原点在当地所处投影带 n 的中央子午线与地球赤道的交点，其中 *Y* 轴指向东，并在各 y 值上加了 n*1 000 km+500 km，*X* 轴指向北。从高斯平面坐标系到当地地理坐标系的转换只需进行零点的平移。由于 GPS 各通道具有较好的一致性，因此可以采用差分技术消除多种误差。试验表明，由低成本的 GPS 系统组成的差分系统，采用本文所述的载波相位定位方法，可以进行大型喷灌机的定位控制。

4. 大型喷灌机的速度测量

GPS 系统组成、试验地点以及坐标设定与上例相同，加装 Trimble 5700 动态 RTK 测量系统进行对比观测试验。为了考核系统控制的稳定性，测试给定降水量所对应的变频控制行走速度参数为 40 Hz 且保持在整个测试过程中不变。

测试结果表明，由于GPS OEM板与Trimble 5700测得的速度变化规律基本一致，因此基于GPS OEM板的测速系统具有较好的工作性能。在行走速度给定控制频率为40 Hz时，用Trimble 5700测得的平均速度为26.351 mm/s，用Jupiter GPS测得的平均速度为25.852 mm/s，相对误差为1.89%。

5. 大型喷灌机偏航距离测量

试验地点以及坐标设定与上相同。偏航距离测量采用两个天线相距4 m的GPS OEM板接收机构成动－动基线载波相位测量系统，为了研究测量控制精度，加装超声波测距系统测量实际偏航距离进行对比观测。选用Honeywell的947-F4Y-2D-1C0-180型超声波距离传感器，使用满量程测量距离为1 500 mm，测距灵敏度为5.5 mV/mm，测量距离从200 mm变化到1 500 mm的响应时间为100 ms，测量精度为＜0.3%，出厂标定测距误差小于±2 mm。

该偏航距离测量是采用动－动基线载波相位差分系统以及自动跟踪定位算法，通过偏航角和喷灌机行走速度计算出来的。偏航距离测量结果由Jupiter GPS和超声波测距系统记录轨迹对比形式给出（图1-21）。

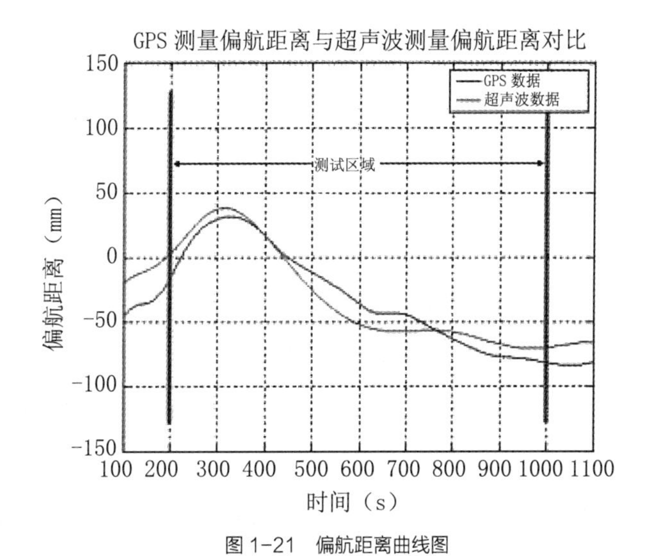

图1-21　偏航距离曲线图

试验结果表明，该大型喷灌机导航反馈控制系统可以进行自动调节，基于GPS OEM板的姿态测量系统具有较好的性能，GPS自动跟踪模式算法可行。对比曲线的变化趋势基本相同，说明该算法具有较高的分辨能力。在测试区域内GPS给出的距离对比超声波测距系统误差通常在1～2 cm，说明GPS偏航距离测量方法具有较高的测量精度，可以用于大型喷灌机的导航控制。

二、在拖拉机自动驾驶中的应用

定位系统为拖拉机自动驾驶系统提供位置信息，解决期望路径位置信息及拖拉机实时位置信息的坐标转换问题，进而判断拖拉机相对期望路径的定位参数，作为导航控制的输入信息，导航控制器才能根据相应的控制算法输出拖拉机前轮转角的大小以实现拖拉机对期望路径的跟踪。因此，定位系统是拖拉机自动驾驶的重要组成部分，是实现拖拉机自动驾驶系统所需要的 5 个部分中最基本的内容，对拖拉机定位系统的研究前提是选择固结在拖拉机上的一点，作为讨论定位的参考点，即定位点，下面将定位点选在拖拉机后轴中点。

选择合适的定位方法实时获得拖拉机在行驶过程中的定位参数，是实现拖拉机自动驾驶系统的必要条件。为了正确地表述拖拉机相对期望路径的位置，定位参数应包括两个重要方面的内容：一个是定位点相对期望路径的横向位置，用横向偏差来表示；另一个是拖拉机机身纵向线相对于期望路径的角度，用航向角来表示。

由分析可知，目前各种导航方式中利用单一传感器感知的位置信息很难满足拖拉机自动驾驶系统所要求的精度和可靠性。一般来说，单个传感器存在一些不可克服的缺陷：只能提供环境的部分信息，并且其观测值通常会存在不确定性以及偶然的错误或缺失；有效探测范围小，无法适应所有情况；系统缺乏稳定性，偶然的故障会引起整个系统的瘫痪，甚至造成灾难性的后果。因此选用 GPS、IMU 与磁罗盘多种传感器作为拖拉机自动驾驶系统的定位设备。GPS 是一种高精度的全球三维实时卫星导航系统，其定位导航的全球性和高精度，使之成为一种先进的定位导航技术；DR 递增地累积行驶的距离和相对于已知位置行驶的方向。GPS 可以提供低频的绝对定位信息，DR 可以提供高频的相对定位信息，两者的信息具有很好的互补性，具体地说就是航位推算的信息对瞬间 GPS 信息偏差实行平滑处理；反过来，GPS 可以校准和纠正航位推算传感器长时间形成的误差积累，这就对定位的精度进行了改良，并且如果 GPS 信号暂时失效，航位推算仍可以继续提供位置信息，通过两者正确合理的融合，使两者取长补短，这是一种很有潜力的定位方法。

IMU 是基于 MEMS（Micro Electro-Mechanical System，微型机电系统）技术的 6 自由度固态惯性传感器组合，可准确地测量被测物体在惯性坐标系中 3 个轴向的角速度和线加速度。在讨论拖拉机自动驾驶系统 DR 定位方法时，霍

（三）拖拉机自动驾驶试验平台工作原理

驾驶员在驾驶拖拉机行驶的过程中，根据拖拉机在外界环境中的位置，根据经验判断怎样操纵方向盘，转向系统产生相应的前轮转角，控制拖拉机按要求行驶。与驾驶员驾驶拖拉机行驶原理一样，拖拉机自动驾驶平台的定位系统测量的拖拉机的位置信息与 GIS 中存储的期望路径的位置信息相比较得到自动驾驶拖拉机平台的定位参数（包括横向偏差与航向角信息），导航控制算法根据横向偏差与航向角信息推算出沿期望行驶所需要的期望前轮转角的数值，转向机构控制器（转向 ECU）控制转向轮达到此刻期望前轮转角的大小。

整个系统的控制结构见图 1-24，其中 GIS、路径规划、导航控制、融合算法相当于驾驶员的大脑，GPS、磁罗盘、IMU、转速传感器、前轮转角传感器则相当于驾驶员的感觉器官，转向控制相当于驾驶员大脑的部分功能及其手臂等器官，导航控制与转向控制之间的关系体现驾驶员的操作协调性。

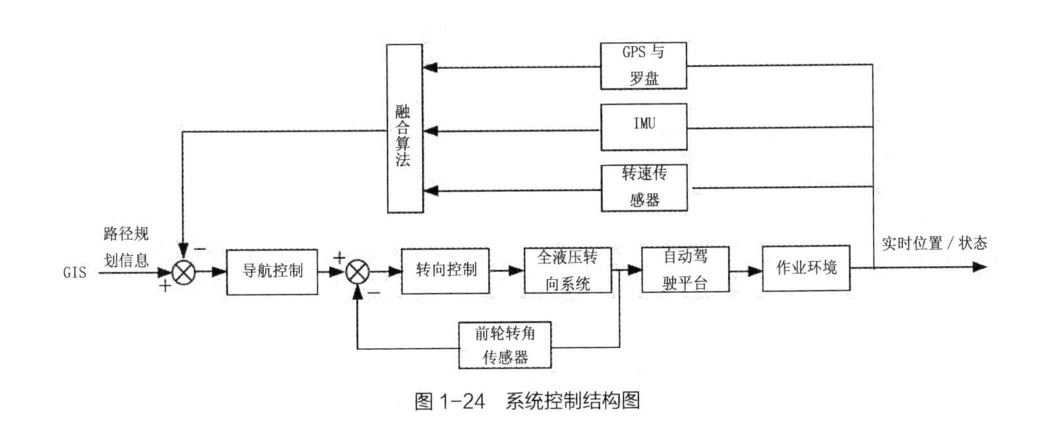

图 1-24　系统控制结构图

整个工作过程的信息传递如图 1-25 所示，从图中可以看出系统内信息的传递情况，类似驾驶员驾驶拖拉机时神经网络内信息的传递过程。

拖拉机自动驾驶系统工作流程如图 1-26 所示。

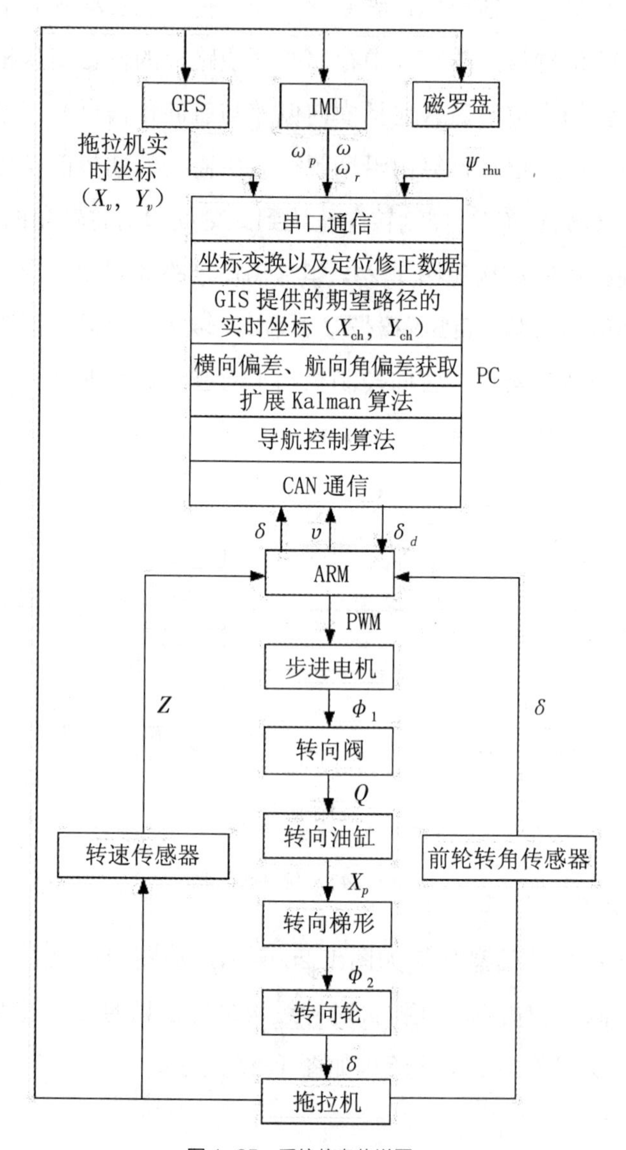

图 1-25　系统信息传递图

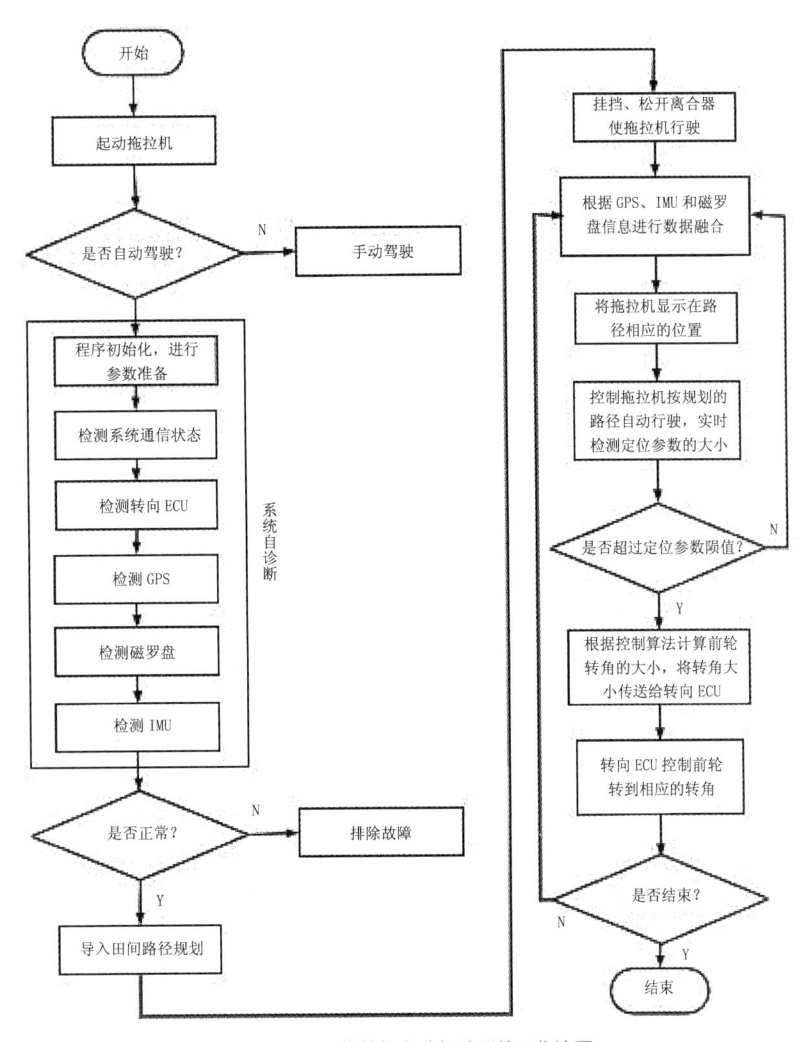

图 1-26　拖拉机自动驾驶系统工作流程

三、在农业车辆自主导航系统中的应用

随着农业劳动生产率的不断提高，农用拖拉机向着大型化的方向发展，这种趋势在西欧和北美尤其明显。在我国新疆和东北地区，近年来发展势头也日益旺盛，其结果是用户在农业生产中越来越依赖于少数几台较大功率的拖拉机。因此，人们迫切要求能够最大限度地提高这些拖拉机的工作效率，农业车辆自主导航技术的使用可实现田间作业高效率、长时间作业无须人为干预，在降低人工技术需求的同时提高作业精度。此外，还可减少重复作业，加快作业进度，减少劳动力，从而降低成本、提高农产品质量、减轻驾驶人员的工作负荷。车辆自主导航系统的结构，包括导航传感器、车辆运动模型、导航规划器和转向

控制4个关键部分，可满足车辆的定位和方向、路径规划、控制转向等基本要求。

在软件界面设计中，有5种基本的用户界面样式，即基于窗口的界面、菜单驱动的界面、基于对话框的界面、基于命令的界面以及基于工作流的GUI界面，这5种界面对于实现和使用各有优缺点。本系统中采用了菜单驱动和基于对话框的两种界面样式，这两种界面是Windows系列软件中经常采用的样式，比较友好和大众化，符合大多数人的习惯，使用户能够更快地熟悉对系统的操作。

（一）菜单驱动的界面

在MS-Windows成为PC的主流操作系统之后，菜单驱动的用户界面几乎在所有的应用软件中被采用。系统的主界面均采用菜单式界面，可以把众多的系统功能按层次全部列于屏幕上，并且对各种功能进行分类，使用户根据自己的需要在相关的菜单项目中找到目标。本系统中的3个主要模块：农业车辆自主导航系统视图模块、GPS数据采集及处理模块、导航控制模块均采用菜单驱动的界面样式，相关的模块功能都按层次列于菜单栏和工具条中，分别如图1-27～图1-39所示。

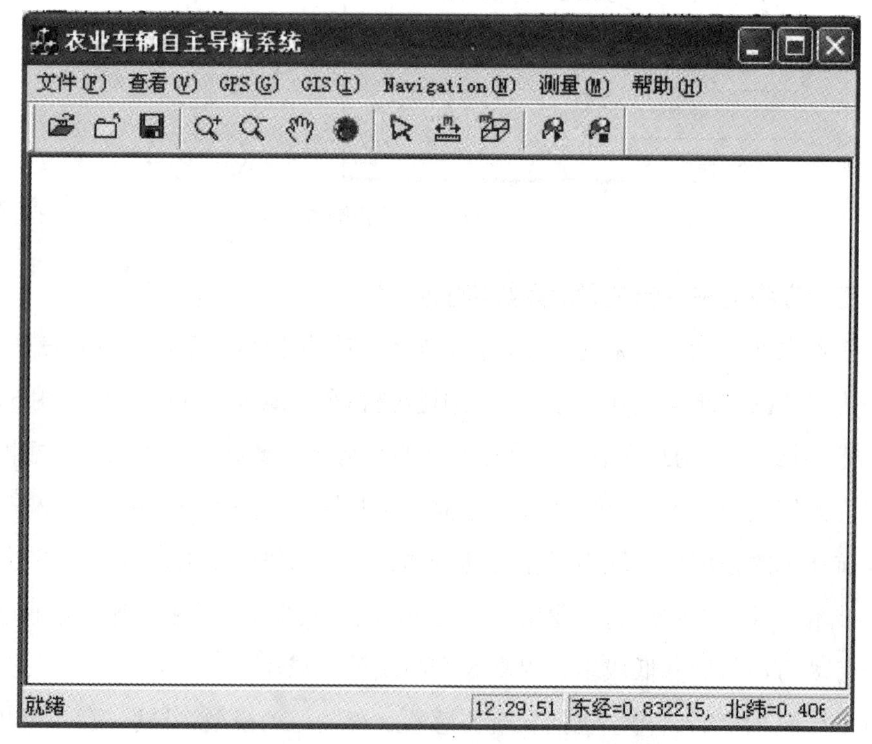

图1-27　菜单驱动的农业车辆自主导航系统视图模块界面

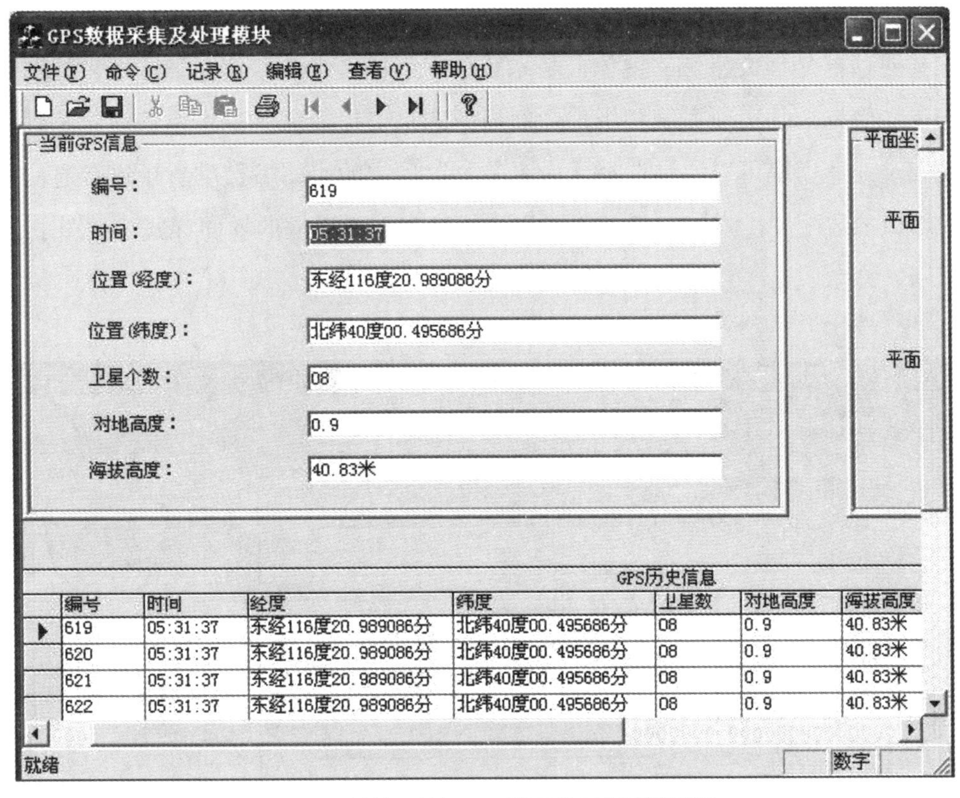

编号	时间	经度	纬度	卫星数	对地高度	海拔高度
619	05:31:37	东经116度20.989086分	北纬40度00.495686分	08	0.9	40.83米
620	05:31:37	东经116度20.989086分	北纬40度00.495686分	08	0.9	40.83米
621	05:31:37	东经116度20.989086分	北纬40度00.495686分	08	0.9	40.83米
622	05:31:37	东经116度20.989086分	北纬40度00.495686分	08	0.9	40.83米

图 1-28　菜单驱动的 GPS 数据采集及处理模块界面

图 1-29　菜单驱动方式的移动车辆导航控制模块界面

（二）基于对话框的界面

对话框是一类特殊的窗体，是系统显示于屏幕上的一定矩形区域内的图形和正文信息，是实现系统和用户之间通信的重要途径之一。本系统中 GPS 数据采集及处理模块可以通过选择【命令】菜单项中的串口参数配置项进行通信前的串口参数配置，弹出的串口配置界面就是基于对话框的界面样式，如图 1-30 所示。

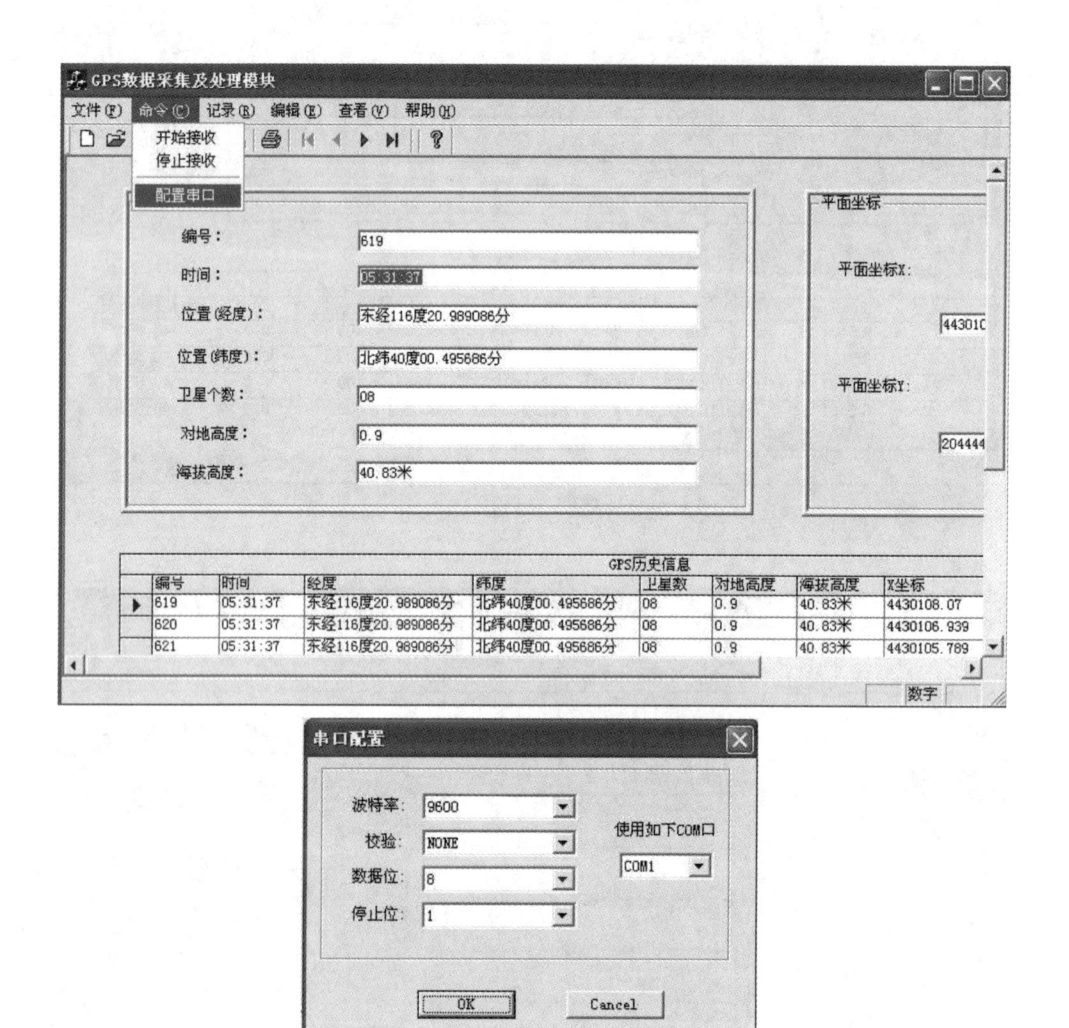

图 1-30　基于对话框方式的串口配置界面

（三）软件系统总体框图

由软件系统的设计目标可知，软件系统需要处理的任务可划分成 3 个主要模块：GPS 数据采集及处理模块、地图操作模块、车辆导航控制模块，总体结构如图 1-31 所示。每个主要模块又包含了几个子模块，其中 GPS 数据采集及处理模块包括串口配置，GPS 数据采集和解析，GPS 数据保存和显示功能子模块；地图操作模块包括导航图的打开和保存，地图的缩放、浏览，点坐标查询，线段长度和多边形周长、面积的测量功能子模块；车辆导航控制模块包括车辆的轨迹回放、手动 / 自动控制功能子模块。

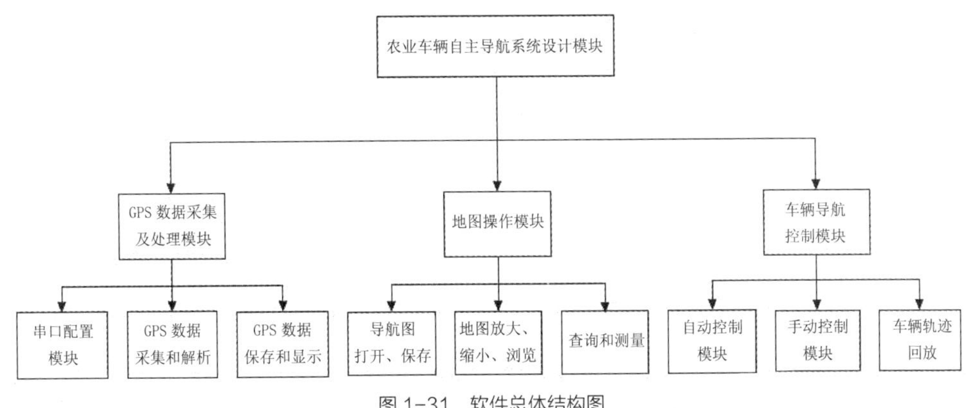

图 1-31　软件总体结构图

（四）GPS 数据采集及处理模块的开发

GPS 数据采集及处理模块采用 GPS 的异步串行传送方式，通过串行通信端口采集遵循 NMEA - 0183 协议的 GPS 数据，解析后通过 ODBC 接口将用户位置、时间、可用卫星数和对地高度、海拔高度等定位参数保存到数据库中，可为信息管理和指挥调度等系统提供导航定位数据。GPS 数据采集模块采用第三方提供的 C Serial Port 通信类的串口通信编程技术。首先调用串口初始化函数 Init Port 设置好串口参数，再启动串口通信监测线程函数 Start Monitoring，串口监测工作线程监测到串口接收到数据后，就以消息方式通知主程序，调用自己编写的 WM_ COMM_ RXCHAR 消息处理函数来进行数据处理，处理过程中可启动暂停或停止监测线程函数 Stop Monitoring 暂停或停止串口监测，最后启动关闭串口函数 Close Port 关闭串口，释放串口资源。

GPS 数据采集及处理模块运行界面如图 1-32 所示。窗口上半部分“当前 GPS 信息”组框内显示实时采集到的 GPS 信息，并可通过工具条上的记录移动按钮滚动查看记录，还可以使用记录菜单中的选项添加、删除一条记录或清空整个数据库；“平面坐标”组框内存放着经过坐标转换得到的当前 GPS 的平面坐标 X、Y 值。窗口下半部分显示“GPS 历史信息”，它将数据库中的记录数据通过网格的形式显示给用户，方便用户查看，该功能的实现依赖于前面介绍的数据库视图控件 DB Grid Control（网格控件）和 Microsoft Remote Data Conrol 控件的协同工作。

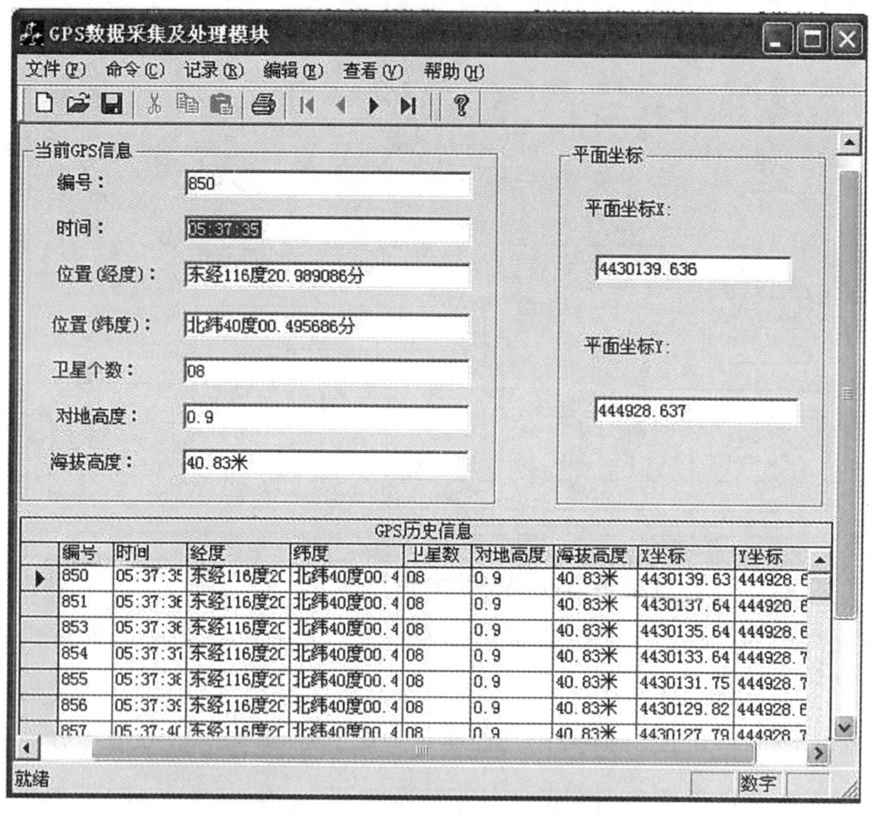

图 1-32 GPS 数据采集及处理模块运行界面

采集 GPS 数据之前要先对串行通信端口的参数进行配置。设计方法是：首先在主程序中添加新的对话框资源，并在该对话框中添加串口配置所需的控件。然后，在命令菜单项中添加相应的串口配置选项。串口配置对话框主要实现串口通信前参数的初始化，包括串口号、速率、校验方式、数据位、停止位，默认情况下分别为 COM1、9600、NONE、8、1，不同的参数可通过选择下拉菜单中的选项进行重新配置。

配置完参数后，若需要打开串口，开始接收 GPS 信息，则可选择【命令】菜单下的【开始接收】项，这部分主要实现 GGA 语句中时间、经纬度、可用卫星数以及高程信息的提取。而要对 GPS 数据进行提取必须首先明确其帧结构，然后才能根据其结构完成对定位信息的提取。

GPS 接收机使用的是 NMEA-0183 传输协议，其信息格式一般为：$aaaaa, df1, df2, … [CR] [LF]，所有的信息均由“$”开始，紧跟着“$”后的 5 个字符解释了信息的基本类型，标识了后续帧内数据的组成结构，帧内多重数据段之间用逗号隔开，每一帧信息均以回车符和换行符作为帧尾，标识一帧的结束。

（五）地图操作模块的开发

地图操作模块可打开、保存、关闭车辆的行走轨迹；通过菜单栏或工具条选项放大、缩小、漫游、全图显示视图区的地图，根据用户需要在视图区内进行点查询、线段长度、四边形周长及面积的测量，在状态栏中可显示系统时间和当前鼠标指向视图区位置的经纬度信息。这些功能的实现主要使用由美国环境系统研究所推出的 Map Objects 组件来完成。

（六）车辆导航控制模块的开发

车辆导航控制模块要根据用于导航的传感器获得的位置信息，自动控制车辆按照目标轨迹运动，完成车辆的自主导航，用于导航的传感器决定导航的精度。考虑到大多数农业作业，如除草、喷药、插秧等对精度的要求都比较高（厘米级），所以在程序中设定了 2 cm、5 cm、10 cm 3 个导航精度供用户选择（图 1-33）。

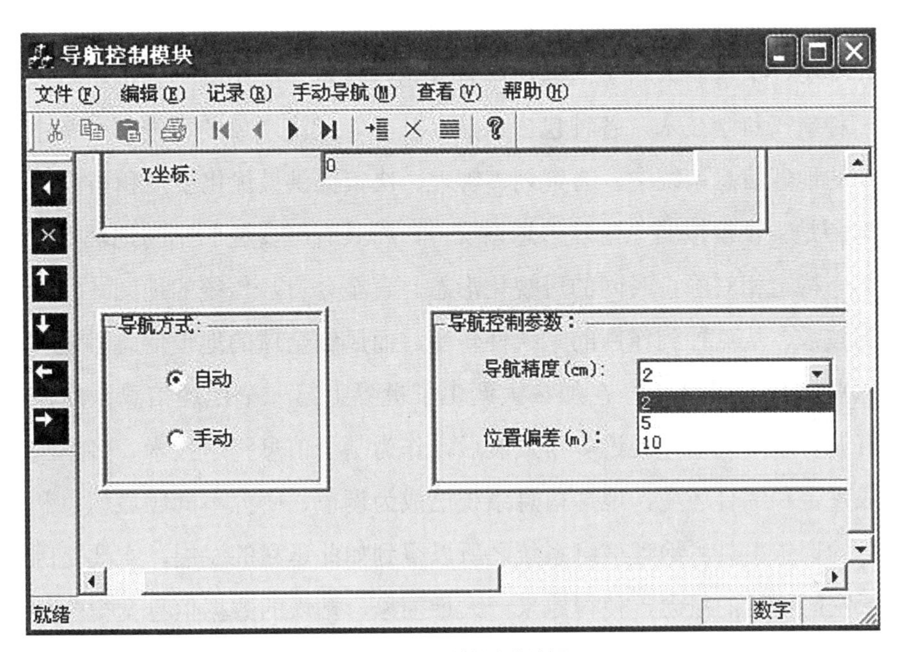

图 1-33　导航精度的选择

第二章
地理信息系统

第一节　地理信息系统的发展

一、地理信息系统概述

地理信息系统 GIS 是近年发展起来的一门综合应用系统。该技术以计算机软、硬件为支持，对具有空间位置含义的地理数据信息进行采集、储存、查询、运算、分析、表达的计算机软件平台。它能将各种数据信息、地理位置和相关视图结合起来，同时将地理学、几何学、计算机科学及各种应用对象、CAD 技术、GPS 技术、RS 技术、Internet、多媒体技术及虚拟现实技术相融合，借助计算机图形与数据库技术采集、储存、编辑、转换、分析和输出其地理图形及属性数据。地理信息系统是介于地球科学和信息科学的边缘科学，建立在系统论、信息论与控制论这些现代科学理论方法基础之上，着力于当今世界面临的人口、资源、环境、灾害四大科学问题，结合理论、技术、应用的综合优势，逐步形成的一种新兴科学技术，各种包含自然、社会、经济现象的数据都可集中表现在规范的地理信息系统中，为策划、管理、决策提供最优化手段和科学依据。

地图是一种模拟的“地理信息系统”，将具有时变性的空间地理环境，固定为某一特定相对静止时间的可视化形态。直至今日，传统的地图才实现了从理论到技术、从品种到作用的系统性转变，而风靡全球的地理信息系统体现的就是这些转变。1963 年，在加拿大诞生了世界上第一个地理信息系统，用于土地资源管理与规划。经过多年发展后，作为基于信息科学技术、多学科信息的集成平台和综合环境，地理信息系统已成为调节、研究不同领域信息和非同源信息的理想工具。地理信息系统之所以得到如此迅猛的发展，主要是因为它引入了空间位置的概念，使得原来一大堆抽象、枯燥的数据信息变得生动、直观、浅显易懂。现在，地理信息系统已经经过了实现信息储存、处理、查询检索、统计分析和制图表达等基本功能的初级阶段，正朝向着实用化的多层次、多功能、多目标的专业化综合分析管理信息系统、智能化地理信息系统、空间信息管理决策支持系统方向开拓发展。

地理信息系统的定义有很多种不同的表述，从不同的角度出发有不同的定义。有的从学科角度，有的从计算机技术角度，也有从信息技术角度定义的。如“是集计算机科学、测绘遥感科学、环境科学、城市科学、地理学、地图学、空间科学、信息科学和管理科学为一体的新兴交叉学科，它将计算机技术应用到地学空间数据处理中，通过计算机系统的建立、分析和操作，产生对资源环境、区域规划、管理决策等方面的有用信息，为规划、设计、决策和管理服务”；“是一种兼容、存储、管理、分析、显示与应用地理信息的计算机系统，是分析和处理海量地理数据的应用技术”；“是处理地理数据的输入、输出、管理、查询、分析和辅助决策的计算机系统”；“是一个以具有地理位置的空间数据为研究对象，以空间数据库为核心，采用空间分析方法和空间建模方法，适时提供多种空间的和动态的资源与环境信息，为科研、管理和决策服务的计算机技术系统”。美国国家地理信息与分析中心认为“为了获取、存储、检索、分析和显示空间定位数据而建立的计算机化的数据库管理系统，就是地理信息系统”。

地理信息系统之所以没有统一的定义，主要是源于它诞生时间较短，但发展迅速，应用领域宽广。D. J. Maguire 把现有 GIS 定义归结为四类：①面向功能的定义。是由地理数据的输入、存储、查询、分析与输出地理数据的系统。②面向应用的定义。根据不同应用领域，有不同应用系统，如土地利用信息系统、矿产资源管理信息系统、投资环境信息系统、城市交通管理信息系统等。③基于工具箱的定义。基于软件系统分析的观点，认为它是包括各种复杂的处理空间数据的计算机程序和算法，是一组用来采集、存储、查询、变换和显示空间数据的工具的集合。④基于数据库的定义。它是这样一类数据库，数据有空间次序，并且提供一个对数据进行操作的操作集合，用来回答用户对数据库中空间实体的查询。这类定义是在工具箱定义的基础上，更加强调分析工具和数据库的连接。

经过近 30 年的发展，我国的 GIS 行业从无到有，至今已经具备相当完善的技术水平和产业规模。随着计算机软硬件技术、通信技术的快速发展，国外的 GIS 也日趋成熟，并广泛运用于政务、军事、商务以及人民生活的各个方面，逐步发展成为日益强大的产业。我国 GIS 产业的发展也极为迅速，各行各业的 GIS 应用都向着纵深发展，国产软件取得了十分瞩目的成绩。国产 GIS 软件 Map GIS 伴随“神舟五号”驰骋太空，电力行业 GIS 应用由配电管理向大区域输电管理发展，国产 GIS 软件全面进入电信行业，国产 GIS 软件全国边界管理系统在 2003 年底建成，物流市场装机容量超万台的国产 GIS 软件系统在 2004 年建成。同时几乎国民经济各个领域如电子政务、城市建设、交通运输、水利、农林业、航空、航海、公安、旅游、矿山、石油等 GIS 都占据不可取代的地位。

我国 GIS 软件市场规模增长迅速，年均增长率超过 20%。2011 年，国家“十二五”规划颁布，规划明确指出“培育壮大高技术服务业，发展地理信息产业”。随着云计算时代的到来，GIS 与云计算的结合成了行业的新兴增长点，由此可见，GIS 产业已经成为一个迅猛发展的朝阳产业。

值得注意的是，在市场方面，国产软件因价格和服务方面的优势，展现出强大的生命力。据抽样调查的数据显示，在已经建成的 GIS 系统中，约 30% 是使用国产基础软件的系统，相当于 ARC/INFO、MapInfo 的市场占有率。实际上，已经使用国外 GIS 软件的用户，有相当一部分并不满意，并计划在今后的投资中使用国产软件，可见国产 GIS 软件正在日益提高自己的市场影响力。

GIS 具有广阔的应用前景，是进行资源普查、区域开发规划、国土管理规划、金融业、房地产管理、公用事业、环境资源调查的基础，也是区域决策与现代化管理的有力手段，三维城市地理信息系统的研究与开发将成为数字城市的重要内容。

二、地理信息系统的现状

20 世纪 60 年代世界上第一个 GIS 诞生，从此，GIS 开始迅速发展起来。目前 GIS 即将形成完整的技术系统，并逐渐建立起独立的理论体系。随着科学技术的发展，地理信息系统的应用越来越广泛，截至现在，已成功地扩展到 100 多个领域中。世界上常用的 GIS 软件已达 400 多种，国外较著名的有 ARC/INFO，GENAMAP 等；国内较著名的有 MAP/GIS，GEOSTAR 等。

（一）发展历史

从 GIS 概念的提出到现在，GIS 的发展经历了 50 多年的发展历史。概括起来，大致经历了以下几个阶段。

1. 起步阶段

信息论、系统论和控制论等理论渐渐进入大家的生活中，最后被地学界专家学者接受，并应用于地学研究中。计算机硬件技术和软件技术的发展也为GIS提供了技术上的支持。再有，随着科技的发展，人类对资源的需求越来越多，使得发达国家开始注重自己国土的资源，从而显现出对GIS的产生和发展有了明显的客观需求。于是，1963年加拿大测量学家Roger F. Tomlinson开发出加拿大地理信息系统（CGIS），这是世界上第一个地理信息系统。但是此时GIS并没有被广泛认可，从事的人员也非常有限，项目的投资强度很小，只有少数的专家支持GIS的发展。

2. 发展阶段

20世纪70年代，西方国家兴起了环境保护运动，有关自然资源开发、环境保护以及国土规划等方面存在的问题显现出来，致使各国政府迫切地想要应用GIS来解决这些问题，这使得GIS的广泛应用和发展有了一个好的机遇。同时，计算机技术的发展也在一些方面上为GIS提供了有利的硬件支持，主要包括地理信息的管理、分析和处理。地图交互编辑技术得到了应用，通过屏幕可以监视到地图数字化的全过程。同时，在这个时期，逐渐出现了一些与GIS有关的组织，一些企业也开始涉足GIS市场。世界各国开始开发适合自己应用的GIS，政府及相关部门也成为GIS的主要用户或潜在用户。在这个阶段，GIS虽然得到了一定的发展，但是在理论和技术上并没有什么突破。

3. 应用阶段

20世纪80年代，GIS随着时间的推移在迅速发展和应用。此时，计算机的发展也进入了一个新的发展阶段，计算机在硬件技术和软件开发工具得到了广泛的应用，数据库技术也在逐渐推广，这些对GIS的发展都起到了推动作用。在这一阶段，GIS在各个方面都取得了较大的发展。此时，人们对GIS有了深入的了解，GIS在一些计算机公司也开始被介绍和展示出来，越来越多的专业杂志发表有关GIS方面应用和使用方法的文章。特别是80年代后期，出现了一大批GIS软件商品，这些软件具有良好的用户界面和多种数据格式转换的接口等优点，并且有的GIS软件可以在计算机网络上使用，还为用户提供了可用作二次开发的工具，使用户非常满意。

4. 成熟阶段

进入20世纪90年代，计算机软硬件技术的快速发展，给GIS的发展和成熟带来了良好的机遇，此时的GIS已经作为高技术产品被大家广泛应用，GIS同时支持着多种硬件平台，利用Windows的开发工具与多媒体技术，为用户提供多窗口环境以及良好的用户界面。20世纪90年代空间技术的发展也有了一个大的进步，不仅成功发射了一系列地球资源卫星，而且星载传感器的类型增多、功能加强、地面分辨率提高，这些都使得遥感技术得到了全面的发展，这么多的应用都得到迅速发现，推动着GIS的理论、方法和技术也逐步走向成熟。

5. 普及阶段

20世纪90年代后期到21世纪初，随着GIS理论、方法和技术的成熟，它的应用在各国也越来越普及。GIS系统的应用由以前的土地资源利用、规划向有关地理空间性质的自然资源管理、国土整治以及生态建设、土地和房地产管理及城市管理等方面发展。除此此外，GIS在有关环境保护、社会治安、消防、运输、通信、石油、气象、水利、地质、农业及林业等领域都得到了广泛的应用。以前GIS系统的功能结构的发展重点主要是关于数据获取、存储、数据检索与统计分析及空间分析等操作方面，现在已经逐步向模型模拟、预报与预测和智能化决策分析等方面发展。

（二）体系结构

以往GIS都是单独运行、互不联系。20世纪80年代末90年代初，计算机网络技术逐渐兴起，这给单独运行的GIS带来了很大冲击。因为在网络环境下，使GIS的体系结构发生一些变化，先后出现基于主机的GIS、桌面GIS、网络GIS、分布式GIS以及开放式GIS，并且还会出现相应的GIS软件，它们都有着不同的特点。

1. 基于主机的GIS

基于主机的GIS是一种用大型主机作服务器的地理信息系统，开始运行数据库管理系统，所有数据和服务都会集中在主机上，所有终端访问数据都是通过与主机相连的网络。它具有数据和服务集中、安全性较好以及海量数据存储能力等优点；缺点则是软件开发难度较大、交换数据方式比较麻烦、效率比较低，而且系统的初期投入较大，维护费用较高。

2. 桌面 GIS

桌面GIS是将多个功能集中在个人计算机中，而多台个人计算机通过工作组网络就可以获得数据文件共享。个人计算机具有价格低廉、整体开发费用低等优点；缺点则是多用户同时访问一个共享数据文件时，网络开销会增加、控制困难、效率较低等，很难向广域网扩展。

3. 网络 GIS

网络GIS的体系结构采用的是客户端/服务器（Client/Server，GIS）。服务器由GIS服务器（GIS server）和网络服务器（web server）组成，主要功能是提供信息和系统服务；客户端由地图浏览器（browser）组成，主要功能是获取信息和各种应用。网络GIS的具体实现则是由服务器策略和客户端策略两类组成的。网络GIS的服务器策略，即通常所说的“胖服务器”，客户机通过网络浏览器向服务器发出服务请求就可以使其运行，然后网络服务器通过一些接口把请求传递给后端的GIS服务器，GIS服务器按照要求进行处理，最后将处理结果形成GIF或JPEG的格式反馈给远端的用户浏览器。具有客户端可在配置很低的环境下进行复杂的GIS操作、客户端与平台无关等优点；缺点则是网络传输和服务器负担较重，且客户端可操作性较差。

4. 分布式 GIS

分布式GIS（DGIS）是指可以跨越任意数量的组织、分布在任意数目的平台上、能被任意数量的用户访问的GIS能力。在DGIS中，互联网上分布着所有的计算资源、GIS服务器、数据库服务器和地理信息等，用户不需要知道数据在物理上存储在哪里，也不需要知道提供服务的GIS位于何处，在一定的原则下，任何用户都可以向任意服务器请求地理信息和服务。

5. 开放式 GIS

开放式GIS是指在计算机网络环境下，用行业标准和接口建立起来的GIS。在开放式环境中，不同厂商的GIS软件以及分布式数据库之间都可以通过接口来交换数据，并将它们在一个集成式操作环境中结合。在开放式环境中，可以发现不同空间数据之间、数据处理功能之间的互操作以及不同系统或部门之间的信息共享都可以实现。这种新的理念为以后的网络服务（web service）和网格服务（grid service）提供了一个好的方向。

（三）开发模式

随着计算机通信网络技术的迅速发展，GIS 软件开发模式有了很大的变化，最初的 GIS 功能包已经发展到集成式和模块式，模块式也已经发展到现在的组件式 GIS。

1.GIS 功能包

GIS 功能包是 GIS 发展初期的软件开发模式，因为技术上的问题，GIS 软件只能完成地理信息处理的功能表，只能完成一些较简单的操作，并且功能包之间的协作功能不是很好，不能形成一个集成系统。

2. 集成式 GIS

集成式 GIS 是 GIS 功能包模式的发展，它是集成各种 GIS 功能包到一个用户界面上，然后成为一个独立的整体，操作比较容易，并且还能完成较复杂的任务；其缺点主要是系统费用非常昂贵，难以开发和维护，并且很难与其他系统集成。一直以来这种集成式 GIS 占据市场的主角。

3. 模块式 GIS

模块式 GIS 是集成式 GIS 的进一步发展，GIS 软件被它分成许多功能模块，这些功能模块运行在统一的平台上，并且具有完全独立的用户界面。具有比较容易开发和维护、用户可根据需要定购相应的功能模块等优点；其缺点则是完成不同的 GIS 功能必须具有切换功能模块，否则难以与其他系统集成。

4. 组件式 GIS

随着科学的发展，计算机技术和全球信息网络技术也在飞速地发展，渐渐增长的社会需求使 GIS 软件开发模式发生了很大的变化，组件化（或元件化、控件化、部件化、构件化）已经成为当今一个新的发展趋势，形成了组件式 GIS（Components GIS，Com GIS）技术。

组件式 GIS 主要是将 GIS 的各个功能模块分解成较小的独立的软件单元，称为组件（控件、构件），每个组件具有不同的功能，这些组件可以是不同的厂商或不同时期的产品，也可以是任何语言开发，开发环境也没有限制，根据应用需求各个组件之间可以通过可视化界面和使用方便的标准接口，有效地结合在最终形成应用系统。所以，组件式 GIS 的核心是标准接口，可以重复使用组件，大大提高了软件的生产率。

以上 GIS 软件主要开发模式是“功能包→集成式→模块式→组件式”，反映出了计算机通信网络技术的迅速发展和GIS软件开发模式的发展变化，组件式GIS适合于在网格环境下的数据服务和功能服务。

三、地理信息系统的发展趋势

GIS在很多方面都有了很大的进步，比如其功能、软件体系结构和开发模式等，它的应用前景非常广阔。但是，GIS目前还是一种新兴的地理空间信息技术，仍需要不断地发展，未来的发展空间仍然很大。

（一）综合技术的研究

目前GIS应用上最为重要的方面是综合技术的研究。近几年，随着GIS技术的快速发展，它已经成为信息技术（IT）的重要组成部分之一。GIS可以与GPS、遥感（RS）技术结合起来，构成3S集成系统，还可以与CAD、多媒体、通信、Internet、办公自动化、虚拟现实等多种技术结合起来，形成一种综合的信息技术。综合是GIS技术开发和应用的一个非常重要的发展方向，对于各个技术的不断发展与结合，展现出了社会的发展将会有很大的进步。

（二）智能化研究

GIS的智能化研究是指人工智能为GIS提供了一种模仿人的思维推理逻辑，然后对其进行综合分析。这种智能化GIS或专家系统，具有更好的分析能力和表达复杂地学问题的能力，虽然现在GIS的智能化程度不太高，但它也能表现出GIS的一个重要的发展方向。

（三）可视化技术研究

随着GIS应用领域的扩大，普及的程度越来越高，人们对GIS的操作界面和结果的可理解性要求也越来越高。可视化技术具有改善操作界面、提高结果可理解性的等特点。可视化就是运用计算机图形图像处理功能，将比较复杂的一些科学现象，甚至比较抽象的概念图形化，使人们可以根据图形理解和发现这些科学现象。因此，一直以来，开发人员和技术专家们对于可视化技术在GIS中的应用这个问题十分关注。

（四）多媒体化研究

目前，GIS的多媒体化备受大家关注，多媒体GIS主要是把多媒体技术、数据库技术引入GIS中，为GIS提供了更好的存储技术、表现方式以及更为广阔的用户群。多媒体GIS的应用也十分广泛，包括土地管理、城市建设、环境保护等各行业，多媒体GIS在国外也得到了十分广泛的应用。GIS的多媒体化具有很好的发展趋势。

（五）虚拟 GIS（即 VGIS）的研究

现在有关虚拟现实（Virtual Reality）在 GIS 中应用的讨论越来越多，一个新的研究热点出现。所谓虚拟现实是指在计算机系统中建立起一种仿真环境，然后通过计算机把数据转换成图像、声音和触摸感受，体现出了一个极其逼真的虚拟环境。用户在这种虚拟现实环境中可以更好地去感受周围的一切，包括视觉、听觉、触觉等。因为在客观世界的虚拟环境中能够更加有效地管理和分析空间实体数据，最近几年，虚拟 GIS 的研究工作进展越来越快，在很多领域都得到了很好的应用。

第二节　地理信息系统的系统构成及原理

一、系统构成

地理信息系统是融合了现代计算机科学、地理学、信息科学、管理科学和测绘科学等多种学科的一门新兴学科。它集合了数据库、计算机图形学、多媒体等多种最新技术，对地理信息进行数据处理，能够实时准确地采集、修改和更新地理空间数据和属性信息，为决策者提供可视化的支持。

（一）系统构成

从系统论和应用的角度分析，地理信息系统由计算机硬件和系统软件、数据库、数据库管理系统、应用人员和组织机构 4 个子系统构成，如图 2-1 所示。

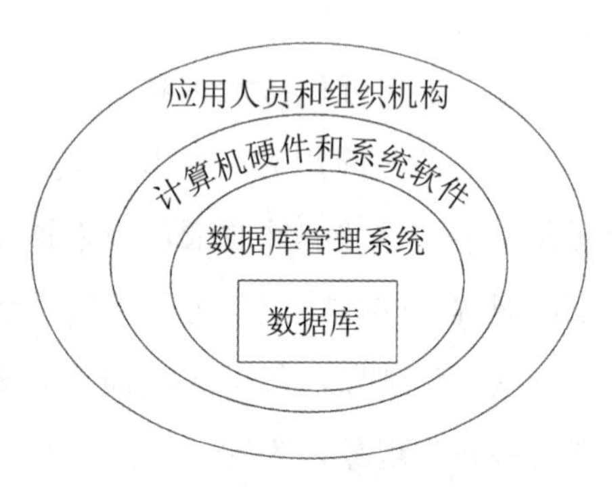

图 2-1　地理信息系统的构成

1. 计算机硬件和系统软件

是开发、应用地理信息系统的基础。

（1）计算机硬件　计算机系统中实际物理装置总称为计算机硬件，可以是电子、磁、机械、光元件或装置，是地理信息系统的物理外壳。系统的规模、精度、速度、功能、形式、使用方法甚至软件都要受硬件指标的支持或制约。由于任务的复杂性和特殊性，地理信息系统必须有计算机设备支持。硬件配置一般包括 4 个部分：①计算机主机；②数据输入设备：数字化仪、图像扫描仪、手写笔、光笔、键盘、通信端口等；③数据存储设备：光盘刻录机、磁带机、光盘塔、活动硬盘、磁盘阵列等；④数据输出设备：笔式绘图仪、喷墨绘图仪（打印机）、激光打印机等。其硬件基本配置如图 2-2 所示。

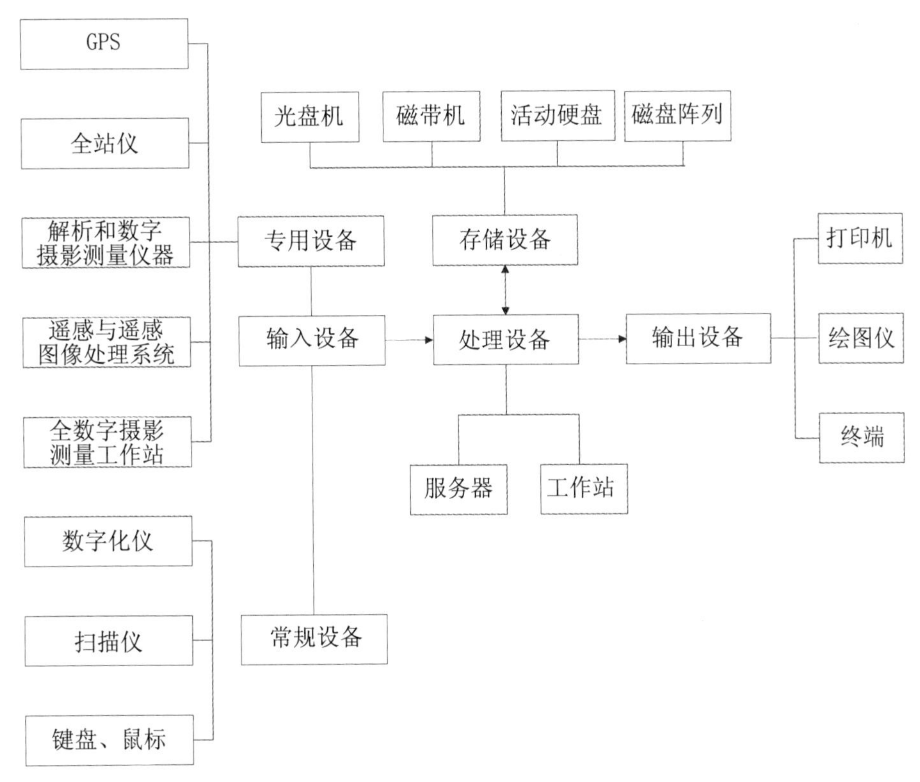

图 2-2　硬件基本配置

（2）硬件的应用模式

A. 局域网模式应用特点：应用于部门或单位内部 GIS 的建设；应用于专线连接；局域网模式资源共享较方便。局域网应用模式如图 2-3 所示。

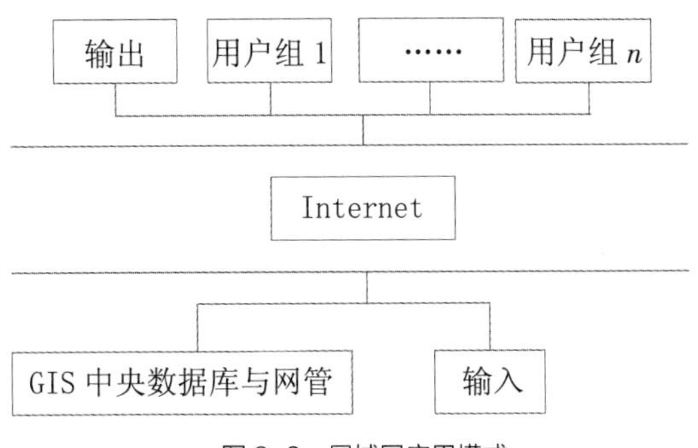

图 2-3　局域网应用模式

B. 广域网模式应用特点：用户分布区域分散，不适合采用专线连接；公共通信连接；资源共享方便；局部范围为局域网，通过若干通道与广域网连接。广域网应用模式如图 2-4 所示。

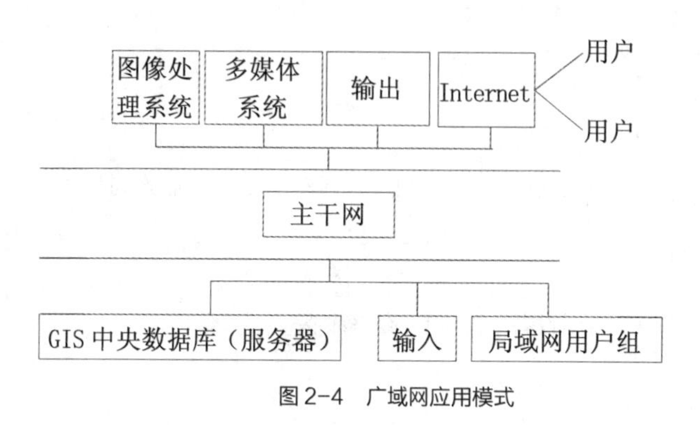

图 2-4 广域网应用模式

（3）计算机软件系统运行所必需的各种程序 总称为软件系统，通常包括以下 3 个部分：

A. 计算机系统软件：由计算机厂家提供的、为用户开发和使用计算机提供方便的程序系统，通常包括工作所必需的操作系统、汇编程序、编译程序、诊断程序、库程序以及各种维护使用手册、程序说明等。

B. 地理信息系统软件和其他支撑软件：可以是通用的 GIS 软件，也可包括数据库管理软件、计算机图形软件包、CAD、图像处理软件等。按功能可以将 GIS 软件划分为以下几类：数据输入、数据存储与管理、数据分析与处理、数据输出与表示模块和用户接口模块。

C. 应用分析程序：系统开发人员或用户根据地理专题或区域分析模型而编制的一种特殊的程序被称为应用分析程序，它是系统功能的扩展。用户最关心真正用于地理分析的应用程序，这些只是其中的一部分，它包括作用于地理专题数据或区域数据和构成 GIS 的具体内容，系统的实用性、优劣和成败在很大程度上取决于应用程序的水平。GIS 软件结构如图 2-5 所示。

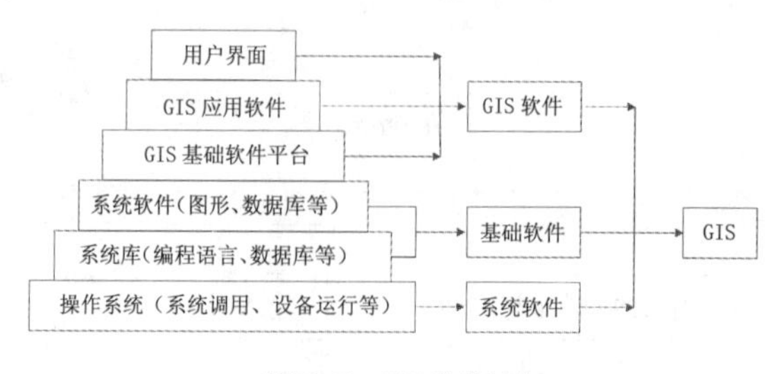

图 2-5 GIS 软件结构

2. 数据库系统

数据库的功能是完成对数据的存储，它又包括几何（图形）数据和属性数据库。几何和属性数据库也可以合二为一，即属性数据存在于几何数据中。

以地球表面空间位置为参照的，以图形、图像、文字等多种形式存在的，由系统建立者输入 GIS 的自然、社会和人文景观数据被称为地理空间数据，它是系统程序作用的对象，是 GIS 所表达的现实世界经过模型抽象的实质性内容，空间数据的基本特性如图 2-6 所示。

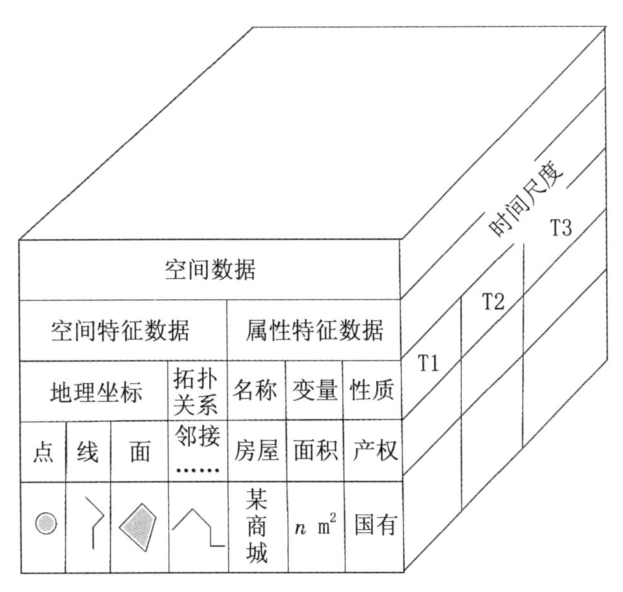

图 2-6　空间数据的基本特性

GIS 由 3 种互相联系的数据类型构成：

A. 某个已知坐标系中的位置及几何坐标，采用经纬度、平面直角坐标、极坐标或矩阵等多种形式标识地理实体在某个已知坐标（如大地坐标系、直角坐标系、极坐标系、自定义坐标系）中的位置。

B. 实体间的空间相关性即拓扑关系，表示点、线、面实体之间的枢纽、构成及包含等空间联系。

C. 与几何位置无关的属性即常说的非几何属性或简称“属性”，是与地理实体相联系的地理变量或地理意义，属性分为定性和定量两种类型，前者包括名称、类型、特性等，后者包括数量和等级。

3. 非空间数据

非空间数据是对空间数据的描述，它主要包括专题属性数据、质量描述数据和时间因素等语义信息，反映了空间实体的本质特征。农用车辆导航中大多采用非空间数据用于信息查询和数据分析。

4. 数据库管理系统

这是 GIS 的核心，通过数据库管理系统，可以完成对地理数据的输入、处理、管理、分析和输出。

地图数据库管理系统相比较于一般数据库系统，不同的是前者在数据类型和数据操作方法两个方面进行了扩展，相同的是两者都采用 3 级模式，如图 2-7 所示。

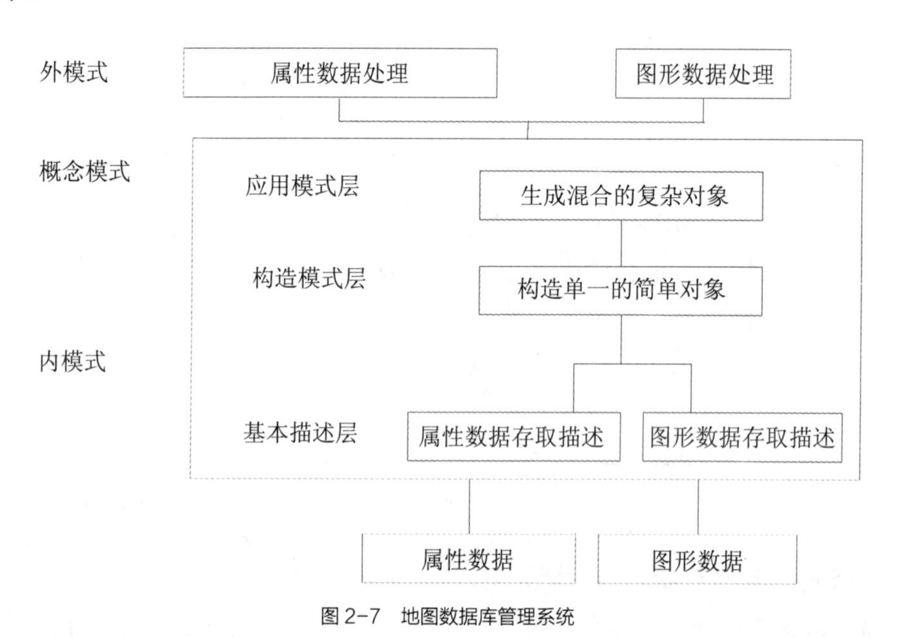

图 2-7　地图数据库管理系统

内模式是一种实际存在的物理数据库，用于描述数据的物理存储和组织方式，它主要包括数据的文件组织、数据索引方式和存取路径的物理描述等内容。

5. 应用人员和组织机构

专业人员，特别是那些复合人才（既懂专业又熟悉 GIS）是 GIS 成功应用的关键，而强有力的组织是系统运行的保障。

GIS 的开发是以人为本的系统工程，以人为本体现在 GIS 从其设计、建立、运行到维护的整个生命周期都离不开人的影响。单独靠系统软硬件和数据还不能构成完整的地理信息系统，还需要人进行系统组织、管理、维护和数据更新、系统扩充完善、应用程序开发，并灵活采用地理分析模型提取多种信息，为研究和决策服务。

（二）地理信息系统的组成

从数据处理的角度出发，地理信息系统又可分为数据输入子系统、数据存储与检索子系统、数据分析和处理子系统、数据输出子系统，如图 2-8 所示。

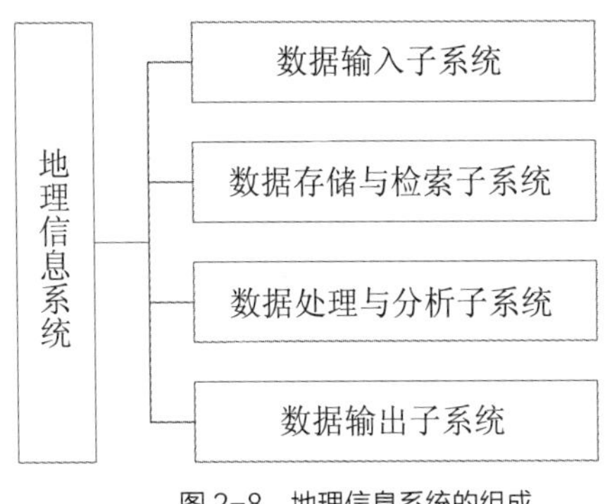

图 2-8　地理信息系统的组成

1. 数据输入子系统

负责采集、预处理和转换数据。

2. 数据存储与检索子系统

负责组织管理数据，便于数据的查询、更新与编辑处理。

3. 数据处理与分析子系统

负责计算、分析和处理数据库中的数据。

4. 数据输出子系统

以表格、图形、图像方式将数据库中的内容和计算、分析结果输出到显示器、绘图纸或透明胶片上。

二、地理信息系统的功能

数据的采集、管理、分析和输出是 GIS 的基本功能，当然作为一门由计算机学科、空间学科与测绘学科相互交叉形成的新兴边缘学科，GIS 具有许多处理地理信息的高级功能。它以新的方式组织空间地理数据，使用更有效的方式来分析数据，以便得到新的地理数据。

（一）基本功能

1. 数据采集

数据采集这一基本功能在整个 GIS 系统中的作用是不可忽视的，因为任何系统的运行都离不开数据的支撑。数据采集主要是把现实世界中采集到的现有的资料转换成计算机可以处理的形式。在转换过程中，值得注意的是必须保证这些存储在空间数据库中的数据在内容与空间上、数据与逻辑上保持一致。

数据采集可以有多种实现方式，包括数据转换、遥感数据处理以及数字测量等。其中已有地图的矢量化，是目前被广泛采用的手段，但也是最耗费人力资源的工作。鉴于 GIS 的数据类型不同，其数据输入可分为以下 3 类：

（1）一般的图形数据输入　CAD 图形一般通过数字化仪输入和扫描仪输入。这主要包括了上面提到的已有地图通过扫描数字化得到二值影像、灰度影像、彩色影像，然后通过人工转化为 GIS 软件可处理的矢量数据等格式。

（2）栅格数据的输入　栅格数据包括各种遥感摄影得到的数据、航拍影像数据、各种倾斜摄影图像数据、航空雷达数据等。

（3）属性数据　属性数据是用来描述对象特征的，多为字符串和数字，通常用关系数据库管理系统进行管理。一般采用键盘输入，方式有两种：①对图形直接输入；②预先建立属性表输入属，或从其他统计数据库中导入属性，然后根据关键字与图形数据自动联结。

2. 数据处理和变换

GIS 数据库涉及的数据类型广泛，主要有空间数据和属性数据（非空间数据），同一种类型的数据的质量也可以有很大的差异性，所以数据的处理和变换极为重要，常见的数据操作有数据的变换、数据重构、数据抽取等。

3. 数据检验

数据检验，是精度和可靠性的保障。主要是指通过直观观测和理论分析等对采集并输入的数据进行质量检查和纠正、空间拓扑关系的建立以及图形整饰等，为接下来要做的服务模块做基础。数据检验的内容主要包括图形数据和属性数据两方面的检验。图形数据的检验主要有查询并改正拓扑关系、图形内各元素编辑、图形整饰、图形与图形之间的拼接、投影带转换等功能。属性数据的检验往往与数据管理结合在一起，进行检验。

4. 数据存储管理

在建立 GIS 的时候，数据库存储管理是一个关键环节，因为在 GIS 中的数据量是非常复杂并且庞大的，不仅要使用关系数据库来存储属性数据，还要使用空间数据库来存储和管理空间图形数据。

5. 空间查询和分析

空间分析是GIS与其他计算机系统的根本区别之一。在众多功能中，空间分析处于一个核心地位。在GIS中，使用一般的数据库查询语言是不足以实现所有操作的，必须对传统的查询语言进行改进设计才可以使用。在GIS中，可以通过属性数据查询分析、空间数据查询分析、叠加分析、缓冲区分析等各种方式来完成空间查询和分析。

6. 可视化分析

GIS采集到各种空间数据，通过空间分析处理后以可视化的形式输出给用户，输出的数据包括图形、图像以及各种音频、视频的各个种类。

（二）应用功能

1. 人文决策管理

在信息化时代，人们通过计算机来实现人文社会管理。GIS技术的发展使得人文社会管理的决策能力得到很大的提高。它不仅在交通管理、城市规划、医疗保健等各个生活领域为人们提供管理和决策，在政府管理和军事领域中也发挥了重要的作用。GIS在政府管理中的应用也越来越深入和广泛。

2. 资源环境管理

GIS可以有效地管理具有空间属性的各种资源环境信息，并且可以有效地动态分析多个时期的资源环境状况和生成变化，为人们提供科学的决策和基于政策标准的评价，为解决资源环境问题及保障可持续发展提供技术支持。在我国，GIS技术已经深入应用到农业、土地资源规划、防灾减害、环境保护和水力资源管理等多个行业中。

三、地理信息系统工作原理分析

（一）信息数据来源

地理数据可以来源于地图数据，也可以来源于图形图像等以文件形式存放的相关影像、表格资料、绘图软件等。运用现有地图可以通过数字化仪对所需的图形进行数字化处理，同时输入相关描述性的信息。先进的GIS软件都可以支持数字化仪操作，将地图进行扫描制成图像文件、表格类的文件，直接转化为视图显示。全球定位技术与遥感技术已经成为当前地理信息系统获取数据的重要手段，特别是全球定位技术的不断发展完善，促使定位精度以及灵活性越来越高，这是其他常规测量技术无法匹敌的。

（二）信息存储

GIS 中，一般一幅完整的地图包含了空间信息以及描述性信息这两种最基本的信息。前者反映地理特征的位置、形状以及特征之间的空间关系；后者反映地理特征中一些代表了不同地图特征的基本原件。

点特征用独立位置作为代表，它反映出的地图对象太小，不能用线特征以及面积特征来进行表示；线特征通过一组有序坐标点连接而成，宽度有限，不能用形成面积区域的地图对象进行描述。还包括一些像等高线一样本身不存在宽度的地图对象；面积特征反映的是封闭图形区域，共边界中包围着具有相同性质的区域，如相同的土地特征、行政区域。

地图中通常利用特定符号反映地图对象相关地理特征和非空间特征。GIS 中所存储的地图是通过数据库形式来进行存储的，与传统意义上的计算机地图文件不一样，地图数据库概念也是地理信息系统的核心概念，是区别于绘图系统或只是进行图形输出的地图制作系统的主要方式。

（三）数字地图显示和输出

在显示数字地图时，地理信息系统可以定时访问空间信息的数据库，同时读取并分析处理相应的地理数据，并通过计算机屏幕将图形显示出来。地理信息系统在调用空间信息的数据库过程中，一般会同时访问描述性信息的数据库，打开相应特征属性表，通过识别代码将二者联系起来。

第三节　地理信息系统在农业中的应用

一、基于 GIS 的水稻生产机械化管理信息系统

2010 年中央一号文件指出，我国农业的开放度不断提高，面对的发展环境复杂多变，同时各种传统和非传统的挑战也在叠加凸显，要稳定发展粮食等大宗农产品生产，就要加快发展农业机械化，其中特别提到了要大力推广水稻育插秧等农机作业。2006 年 10 月 18 日，《农业部关于进一步加强农业信息化建设的意见》中提到，要通过加快农业信息化标准体系建设，抓紧抓好农业信息化人才队伍建设，同时创新工作思路，通过多种方式推进农业信息化建设。2010 年中央一号文件也明确提出要继续抓好农业信息化建设。

水稻是我国三大重要粮食作物之一，在粮食生产和消费中历来居于主导地

位，但水稻生产各环节受地理环境、气候条件等自然因素影响较大，同时水稻育秧、栽插和收获等作业环节多、用工量大，人工劳作强度很大。水稻要保证稳产、增产，机械化水平要进一步提高，就要求对这些影响因素、生产状况有系统的认识和掌握。

游凌等人以水稻生产机械化空间及属性信息为对象，研究和开发基于GIS的水稻生产机械化管理信息系统，通过引入GIS组件技术，改善传统管理信息系统对空间数据处理乏力的缺点，同时全面收集和整理水稻生产及机械化相关的属性数据，实现水稻生产机械化信息的全面、科学、动态化管理。基于GIS的水稻生产机械化管理信息系统旨在提供面向农机管理部门、水稻生产机械化研究学者或其他一些公众应用的公众型系统，其中绝大部分用户是对GIS没有太多概念的用户，面向这样的群体，对系统的易操作性要求非常高。因此，系统的总体功能设计要求简洁、实用。

（一）基本功能

实现对矢量地图进行一些必要的控制；实现空间数据与属性数据的相互查询功能；实现矢量地图根据搜索、查询需求实时显示。

（二）子系统设计

基于基本功能的要求，系统下设5个子系统，如图2-9所示。

- 矢量地图控制子系统。
- 矢量地图显示子系统。
- 空间查询子系统。
- 数据库查询子系统。
- 帮助子系统。

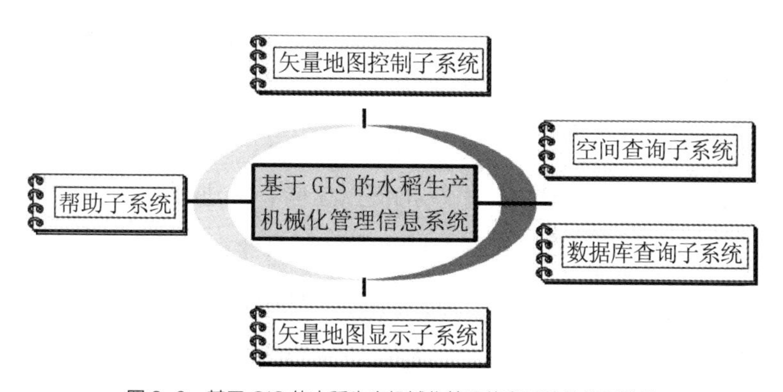

图2-9　基于GIS的水稻生产机械化管理信息系统的体系结构

（三）系统逻辑结构

如图 2-10 所示，系统开发按照数据流向主要分两大块：一是利用 MapObjects 控件显示矢量地图数据，并对地图数据进行查询；二是利用 ADO 组件访问矢量地图数据的元数据，这些元数据详细描述了地图数据的分类信息，通过对元数据的查询可以更进一步细分查询类型，以及以不同组合、排列进行数据显示。

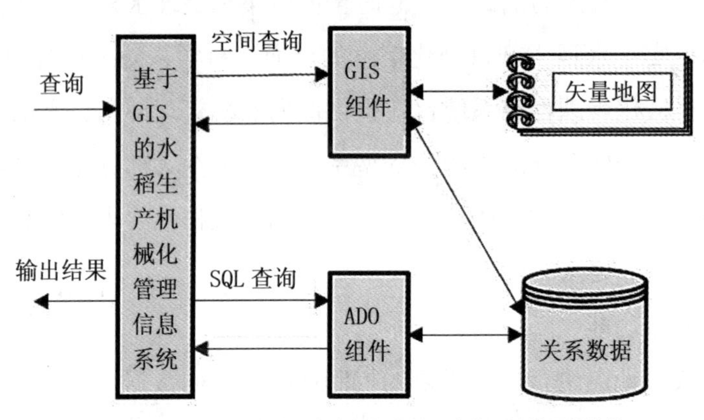

图 2-10　基于 GIS 的水稻生产机械化管理信息系统的逻辑结构

（四）系统主界面

系统主界面它包括地图控制工具栏、地图显示窗口、空间查询窗口、缩略图窗口、状态栏等部分。

1. 地图控制工具栏

该工具栏中的按钮主要用于控制地图操作，尤其方便了使用频率高的操作。地图控制工具栏的默认位置是在主窗口的正上方。

2. 地图显示窗口

用于显示地图，也可以响应用户通过工具栏按钮执行的一些请求。地图显示窗口位于主窗口的正中央位置。

3. 空间查询窗口

用户通过输入适当的参数，系统将依据这些参数进行空间查询，例如进行水稻的区划查询、城镇（或农村）人口查询、总从业人员数量（以及第一、二、三产业从业人员数量）查询、水稻机械耕作、种植、收获面积（或水平）查询等。根据输入的信息，矢量地图会将符合条件的地区高亮显示出来。

4. 缩略图窗口

按全图显示比例显示矢量地图。缩略图上有一个矩形，代表地图显示窗口的当前显示内容相对于整个地图的位置与大小。该窗口默认位置位于主窗口的左下角。

5. 状态栏

状态栏主要显示工具栏、菜单功能及部分操作的提示信息。状态栏所显示信息要求简单明了、语言通俗易懂。状态栏也是独立的，其显示状态也可由用户控制。默认情况下，状态栏位于主窗口的最底端。

（五）系统的数据

系统的数据分为矢量地图数据和元数据。它们分别以 Arc/Info 文件格式和关系型数据的形式存储，所有的操作都是在这些数据上完成的，因此数据建模和数据库模式的设计至关重要。以下从矢量地图数据和元数据表结构两方面对设计进说明。

1. 矢量地图数据

系统使用 MapObjects 组件进行开发，因此由 MapObjects 本身来管理矢量地图数据。MapObjects 可以使用 Shape 文件、图像文件、属性表或通过 ESRI 的专用数据库引擎连接的专用数据库。Shape 文件是地图数据的矢量形式，图像文件是栅格图像或航空、卫星的畸变图像的纠正照片，属性表是可用 ODBC 装入的任意格式，专用数据库是网络上通过 ESRI 专用数据库引擎连接的 UNIX 服务器。Shape 文件适用于中小型地图数据，而大型数据则需要使用专用数据库。用 MapObjects 编写的软件是可伸缩的。最初可用 Shape 文件，当用户需要与大型数据链接时，几乎所有代码都可转移应用于与专用数据库链接后的工作中。图形文件清单如表 2-1 所示。

表 2-1　系统包含的 Shape 文件

Shape 文件名称	图层类型
经纬网	线
省级行政区	区

续表

Shape 文件名称	图层类型
国界线	线
数据结尾省会城市	点
地级城市驻地	点
湖泊	区
主要铁路	线

2. 元数据表结构

（1）类型表　用于存储当前系统字段信息，便于系统的 SQL 查询与显示，结构如表 2-2 所示。

表 2-2　类型表的结构

字段名称	数据类型	大小	描述
ID	自动编号	长整型	编号
类型	文本	50	字段类型

（2）水稻数据表　系统的主要数据表，主要是各地区水稻生产相关信息，包括水稻生产信息、水稻装备配备信息，以及影响水稻机械化的自然、社会、经济等信息，结构如表 2-3 所示。

表 2-3　匹配地图数据表的结构

字段名称	数据类型	大小	描述
地区	文本	10	我国各省份名称
年份	数字	长整型	年份

续表

字段名称	数据类型	大小	描述
丘陵山地所占比重（百分比）	数字	双精度型	各地区丘陵山地所占比重
耕地面积（千公顷）	数字	双精度型	各地区耕地面积
劳均耕地面积（人每公顷）	数字	双精度型	各地区劳均耕地面积
水稻总种植面积（千公顷）	数字	双精度型	各地区水稻种植面积
水稻总产量（万吨）	数字	双精度型	各地区水稻总产量
水稻单产（吨每公顷）	数字	双精度型	各地区水稻单产
水稻机耕面积（千公顷）	数字	双精度型	各地区水稻机械耕作面积
水稻免耕面积（千公顷）	数字	双精度型	各地区水稻免耕面积
水稻机耕水平（百分比）	数字	双精度型	各地区水稻机耕水平
水稻机械种植面积（千公顷）	数字	双精度型	各地区水稻机械种植面积
水稻机械种植水平（百分比）	数字	双精度型	各地区水稻机械种植水平
水稻机收面积（千公顷）	数字	双精度型	各地区水稻机械收获面积
水稻机收水平（百分比）	数字	双精度型	各地区水稻机械收获水平
水稻耕种收综合机械化水平	数字	双精度型	各地区水稻耕种收综合机械化水平
机耕船（万台）	数字	双精度型	各地区机耕船数量
机动水稻插秧机（万台）	数字	双精度型	各地区机动水稻插秧机数量
机动水稻浅栽机（万台）	数字	双精度型	各地区机动水稻浅栽机数量
专用水稻直播机（万台）	数字	双精度型	各地区专用水稻直播机数量
稻麦联合收割机（万台）	数字	双精度型	各地区稻麦联合收割机数量
机动割晒机（万台）	数字	双精度型	各地区机动割晒机数量
机动脱粒机（万台）	数字	双精度型	各地区机动脱粒机数量
谷物烘干机（万台）	数字	双精度型	各地区谷物烘干机数量
GDP 总量（亿元）	数字	双精度型	各地区国内生产总值
第一产业 GDP（亿元）	数字	双精度型	第一产业的国内生产总值

续表

字段名称	数据类型	大小	描述
第二产业 GDP（亿元）	数字	双精度型	第二产业的国内生产总值
第三产业 GDP（亿元）	数字	双精度型	第三产业的国内生产总值
第一产业占 GDP 比重（百分比）	数字	双精度型	第一产业 GDP 占 GDP 总量的比例
第二产业占 GDP 比重（百分比）	数字	双精度型	第二产业 GDP 占 GDP 总量的比例
第三产业占 GDP 比重（百分比）	数字	双精度型	第三产业 GDP 占 GDP 总量的比例
人口（万人）	数字	双精度型	各地区总人口
城镇人口（万人）	数字	双精度型	各地区城镇人口数
城镇人口比例（百分比）	数字	双精度型	各地区城镇人口占总人口的比例
农村人口（万人）	数字	双精度型	各地区农村人口数
农村人口比例（百分比）	数字	双精度型	各地区农村人口占总人口的比例
人均 GDP（元）	数字	双精度型	人均 GDP
财政收入（亿元）	数字	双精度型	各地区财政收入
城市居民人均可支配收入（元）	数字	双精度型	各地区城市居民人均可支配收入
农民人均纯收入（元）	数字	双精度型	各地区农民人均纯收入
城乡差距比例城市	数字	双精度型	居民人均可支配收入与农民人均纯收比
劳动生产率（元）	数字	双精度型	各地区劳动生产率
从业人员总数（万人）	数字	双精度型	各地区总从业人数
第一产从业人员数（万人）	数字	双精度型	各地区第一产业从业人数
第二产从业人员数（万人）	数字	双精度型	各地区第二产业从业人数
第三产从业人员数（万人）	数字	双精度型	各地区第三产业从业人数
第一产从业人员比重（百分比）	数字	双精度型	各地区第一产业从业人数占总从业人数比重
第二产从业人员比重（百分比）	数字	双精度型	各地区第二产业从业人数占总从业人数比重
第三产从业人员比重（百分比）	数字	双精度型	各地区第三产业从业人数占总从业人数比重

二、规模化畜禽养殖信息平台

畜禽养殖业是农业的重要组成部分，其发展水平代表着一个地区农业的发达程度。发展畜禽养殖，对于改善城乡居民膳食结构和营养水平，深化农业产业结构调整，增加农民收入有着重要的现实意义。自20世纪80年代以来，我国畜牧业一直保持着快速增长的发展态势。畜禽养殖业的快速发展不但丰富了我国城乡肉、蛋、奶的供应，提高了人们的体质和生活水平，同时也成为农民增收的重要来源。但与此同时，畜禽养殖业的集中式的快速发展和生产养殖方式的转变所带来的环境问题日益严重，这不仅影响经济发展，而且还危及生态安全。农业面源污染、市政污染、工业污染是当今环境污染尤其是农村环境污染的3个主要因子。在我国农业面源污染越来越占主导之势，如何控制赖以生存的基本要素，是社会和经济持续发展的基础。而养殖业的迅猛发展，规模化、集约化、专业化畜禽养殖场废弃物的大量集中排放，超过了环境的承载能力，从而污染了周边的空气、水及土壤环境，成为制约畜牧养殖健康发展的瓶颈。

环境地理信息系统是在计算机软件、硬件的支持下，利用地理信息系统的基本功能，对地理空间数据及相关的环境数据进行采集、编辑、处理、分析、输出，运用数据库技术构建环境信息和信息处理数据库，实现环境信息的管理，按照一定的格式进行环境信息的输入、存储、检索、显示和综合分析，能够对不同的情景方案进行辅助决策，实现环境突发事件的应急分析。能够结合环境数学模型进行区域环境状况的分析、模拟和评价，生成与环境质量或环境演变相关的专题图等。

畜禽养殖信息平台是从畜禽养殖污染现状、污染对周围环境的影响以及产生污染问题的原因等全面系统的分析入手，从畜禽养殖场建设和清洁生产管理、实现区域种养平衡、控制畜禽粪便施用负荷出发形成的从源头控制到生产过程综合利用以及末端治理等全过程的污染防治信息平台。该平台的建立主要有以下两个作用：①可以为环境评价、污染治理和控制规划等方面提供可视化的数据支持，为环境管理提供了定量的决策依据。②可以为养殖业的决策者提供该企业对环境的污染构成及主要影响范围，为企业决策者积极调整厂址布局、饲养结构、饲料添加、治污手段等提供决策依据。

（一）养殖信息管理平台的目标分析

建立一个养殖信息平台系统的根本意义在于提高政府相关部门对养殖行业

的决策效率和能力，以“准入制度”为门槛，限制企业进入的“最低”环保要求；同时在平台运营期间降低养殖企业的营销成本，以期提高其对环保资金投入的积极性；另外能加大公众对政府和企业的监督，发挥公众参与的时效性，并能将公众的监督信息及时反馈给政府和企业。要实现这一目的，要从企业的养殖类型、规模、建设场址、相应的农田消纳系统以及其他环保设施完备情况等方面进行调查、研究和分析。

完善的养殖信息平台系统，要能完成如下的基本目标：

●养殖企业空间信息的准确表达。

●养殖企业基本信息的完善表现。

●养殖企业环保信息的准确表现。

●养殖宏观与微观相结合的决策方法。

●农户参考信息发布。

●公众参与的有效性和时效性。

●其他相关规划部门、行业对信息平台的部分需求。

养殖信息平台的建立就是要解决上述这些问题，总的目标是提高政府、企业的决策能力和降低政府决策、企业营运的总成本，但这两者存在一定的“效率背反”关系，这就要依赖养殖信息平台系统的调控政府部门和养殖企业之间的各种机能，维持相互协调的功能。

（二）系统开发工具

1.Flash Builder

Flash Builder是Adobe公司近几年推出的重量级产品与技术，提供了一种现代的、基于标准的语言来支持公共模板设计、客户端运行环境、编程模型、开发模型和高级数据服务，可以使开发人员可以开发和部署可升级的富互联网应用程序（RIA,Rich Internet Applications）。富互联网应用程序是指像使用Web一样的简单方式来部署富客户端程序，这种程序具有比HTML更加健壮、反应更加灵敏和互动性更丰富的特点。RIA的另一个好处是数据能够被缓存在客户端，从而可以实现一个比基于HTML的响应速度更快且数据往返于服务器的次数更少和更具有令人感兴趣的可视化特性的用户界面。Flash Builder的出现就是为了高效地开发和部署富互联网应用程序。

组成部分包括：①Framework为开发人员能够快速构建富互联网应用程

序，而提供的使用实例。开发人员可以对开源的Framework进行扩展。② IDE-Flash Builder Flex程序开发环境。③ Platform-Flash Player Flex系统运行平台。

ArcGIS API for Flex可以说是ArcGIS Server的扩展开发组件，它可以使用户在使用ArcGIS Server构建GIS服务的基础上，开发RIA。它的优点在于可以使ArcGIS提供的各种资源（如Map、GP模型）和Flash Buider提供的组件（如Grid、Chart）相结合，构建表现出色、交互体验良好的网络应用。

2.ArcGIS Desktop

ArcGIS Desktop是Esri公司集40余年的GIS咨询和研发经验，奉献给用户的一套完整的GIS平台产品，具有强大的地图制作、空间数据管理、空间分析、空间信息整合、发布与共享的能力。ArcGIS不但支持桌面环境，还支持移动平台、Web平台、企业级环境以及云计算架构，同时为开发人员提供了丰富多样、基于IT标准的开发接口与工具，可以轻松构建个性化的GIS应用。

Arc GIS Desktop包含一套带有用户界面的Windows应用程序，包括：① Arc Map：是主要的应用程序，具有基于地图的所有功能，包括地图制图、数据分析和编辑等。② ArcCatalog：是地理数据的资源管理器，帮助用户组织和管理所有的GIS信息，比如地图、数据集、模型、元数据、服务等。③ ArcScene和ArcGlobe：是适用于3D场景下的数据展示、分析等操作的应用程序。④ ArcToolbox和ModelBuilder：是进行Geoprocessing（地理处理）的应用环境，分别提供了内置对话框工具和模型工具。

3.Visual Studio

Visual Studio. NET是一个功能强大、高效并且可扩展的开发工具，提供了支持Web Services技术的运行与开发环境，用于迅速生成企业级ASP Web应用程序，高性能桌面应用程序和移动应用程序。它把Visual Basic. NET、Visual C++. NET、Visual C#. NET都集成在一个开发环境中，共享工具并且创建混合语言解决方案。在Visual Studio. NET中，可以从用一种语言编写的类中派生出用另一种语言编写的类，并且可以使不同语言开发的类相互调用。

网络服务是一项新技术，能使运行在不同机器上的不同应用无须借助附加的、专门的第三方软件或硬件，就可相互交换数据或集成。依据网络服务规范实施的应用之间，无论它们所使用的语言、平台或内部协议是什么，都可以相互交换数据。网络服务是自描述、自包含的可用网络模块，可以执行具体的业务功能。网络服务也很容易部署，因为它们基于一些常规的产业标准以及已有的一些技术，诸如 XML 和 HTTP。网络服务减少了应用接口的花费。网络服务为整个企业甚至多个组织之间的业务流程的集成提供了一个通用机制。

4.ArcGIS Server

ArcGIS Server 是一个用于构建集中管理、支持多用户的企业级 GIS 应用的平台。ArcGIS Server 提供了丰富的 GIS 功能，例如地图、定位器和用在中央服务器应用中的软件对象。开发者使用 ArcGIS Server 可以构建网络应用、网络服务以及其他运行在标准的 .NET 和 J2EE 网络服务器上的企业应用，如 EJB。ArcGIS Server 也可以通过桌面应用以 C/S 的模式访问。Arc GIS Server 的管理由 ArcGIS Desktop 负责，后者可以通过局域网或互联网来访问 ArcGIS Server。ArcGIS Server 包含两个主要部件：GIS 服务器和 .NET 与 Java 的 Web 应用开发框架（ADF）。GIS 服务器 ArcObjects 对象的宿主，供 Web 应用和企业应用使用。它包含核心的 ArcObjects 库，并为 ArcObjects 能在一个集中的、共享的服务器中运行提供一个灵活的环境。ADF 允许用户使用运行在 GIS 服务器上的 ArcObjects 来构建和部署 .NET 或 Java 的桌面和 Web 应用。

5. 数据库软件

畜禽养殖数据是养殖信息决策的基础，畜禽养殖信息平台的养殖相关数据库需要存储和管理大量、多类型、多属性的信息，并且要求准确、方便和安全。因此需要数据管理系统必须具备高性能、高可靠性和易维护性的性能。特别是大量空间信息、图像信息对数据管理系统的性能要求更高，必须能够支持空间信息和图像信息的存储和管理。

ArcGIS 具有表达要素、栅格等空间信息的高级地理数据模型，ArcGIS 支持基于文件和 DBMS（数据库管理系统）的两种数据模型。基于文件的数据模型包括 Coverage、Shape 文件、Grids、影像、不规则三角网 (TIN) 等 GIS 数据集。Geodatabase 数据模型实现矢量数据和栅格数据的一体化存储，有两种格式：一种是基于 Access 文件的格式，称为 Personal Geodatabase；另一种是基于 Oracle 或 SQLServer 等 RDBMS 关系数据库管理系统的数据模型。该信息平台为了采用第二种方式即基于 SQL Server 的 RDBMS 关系数据模型。SQL Server

是由Microsoft开发和推广的关系数据库管理系统，SQL Server 2008作为大型商用数据库管理系统，提供了数据加密、并行查询、自动内存调整及多表查询等功能，并运用高速缓存融合技术提高系统的可伸缩性，同时提供了强大的空间数据支持能力。

为了便于将养殖场相关信息关联到相对应的养殖场，系统在养殖场相关信息中加入了养殖场类型信息。这就要求对养殖场类型进行编码，亦即将每个养殖场类型用一个编码进行唯一标识，如图2-11所示。

GAOPENG-PC.yqDB ...CODE_enterprises

entId	entName
DJ001	阳泉市第一养...
RZ002	华翰养殖中心
MZ003	丰吉生猪人工...
DJ004	平定县康盛养...
RZ005	云海种养合作社
DJ006	乾丰养殖
RZ007	平定县鑫生园...
DJ008	盂县汇荣鑫业
RZ009	山西省春光养...
RZ010	阳泉市鑫康养...
DJ011	西回养殖场
DJ012	南沟养殖场
RZ013	牛家峪村生态...
DJ014	绿园蛋鸡场
DJ015	金凤凰农业科...
RZ016	山西枣园农产...
RZ017	远鹏养殖有限...
DJ018	平定盈丰养殖...
RZ019	平定县余康养...
NULL	NULL

OBJECTID *	Shape *	编码	名称	养殖类别	养殖规模
1	Point	DJ001	阳泉市第一养鸡场	蛋鸡	26000
2	Point	RZ002	华翰养殖中心	肉猪	1000
3	Point	MZ003	丰吉生猪人工改良良种	繁育母猪	3000
4	Point	DJ004	平定县康盛养殖公司	蛋鸡	60000
5	Point	RZ005	云海种养合作社	肉猪	1000
6	Point	DJ006	乾丰养殖	蛋鸡	400000
7	Point	RZ007	平定县鑫生园养殖基地	肉猪	2000
8	Point	DJ008	盂县汇荣鑫业	蛋鸡	100000
9	Point	RZ009	山西省春光养殖专业合	肉猪	4000
10	Point	RZ010	阳泉市鑫康养猪场	肉猪	3000
11	Point	DJ011	西回养殖场	蛋鸡	60000
12	Point	DJ012	南沟养殖场	蛋鸡	30000
13	Point	RZ013	牛家峪村生态农业养殖	肉猪	600
14	Point	DJ014	绿园蛋鸡场	蛋鸡	60000
15	Point	DJ015	金凤凰农业科技有限公	蛋鸡	200000

图2-11　养殖场类型编号

（三）平台体系结构

畜禽养殖信息平台总体上基于B/S结构（Browser/Server，浏览器/服务器模式）模式，以ArcGis Server、网络服务及.NET体系为结构设计与解决方案，实现畜禽养殖信息平台的高效、稳定、扩展方便、维护简便、开发周期缩短及浏览使用无须安装客户端（仅需IE及相近浏览器）等特性。其应用体系结构和各开发软件在各部分应用的功能如图2-12所示。

1.表示层

表示层，以用户图形界面(GUI)为用户提供交互界面，用户可以通过HTTP等协议访问网络服务器，可以接受用户的输入，并向应用服务器发出处理请求，显示返回的处理结果。表示层可以通过浏览器浏览和使用平台功能，为用户完成一系列操作。

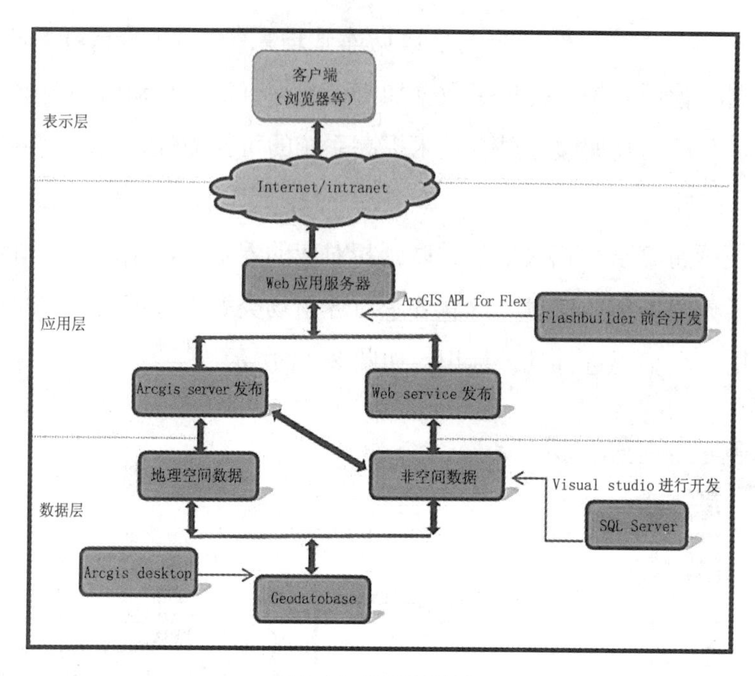

图 2-12　平台体系结构

2. 应用层

应用层操作系统采用 Windows Win 7 旗舰版，网络传输协议为 TCP/IP，通过标准的通信协议协同事务处理，共同完成客户端请求的响应。用户通过浏览信息网上的动态信息，向网络应用服务器提出数据查询、录入、修改、删除等请求，网络应用服务器在获取这些请求后，将它们交给后端的 CGI（公共网关接口，Common Gateway Interface），HTTP 服务器与你的或其他机器上的程序进行“交谈”，程序对数据进行处理。CGI 接口对数据库的链接、读写、访问和控制，之后数据库将处理结果通过 CGI 程序送回给 Web 服务器，最后由 Web 服务器将本次访问结果以动态网页形式发回到用户的浏览器中。

3. 数据层

数据层处于平台体系结构的最下层，为整个平台提供数据支撑。数据层中以 Geodatabase 为数据库管理平台，存储和管理畜禽养殖相关数据及部分功能性数据等。

三、基于 GIS 的组合式变量喷雾控制器设计和研究

撒播喷施是常规的喷雾机在田间作物生产中最常用的施药技术。在撒播喷施中，整个田块被全面积连续喷施。专家研究发现，尽管大多数除草剂被均匀

施于田中，但许多迹象表明杂草不是均匀分布在作物田中，杂草趋向于以斑块状或是小片状出现。Marshall 对三块草地杂草量估算研究发现，从 27.4% 到 79.6% 的取样中没有杂草。Giles 等人对加利福尼亚莴苣作物的生长期和喷雾作业的时间选择研究发现，大多数喷雾作业是在种植作物后 30 ～ 45 天的一个时期，当时只有 6% ～ 48% 的田块区域被作物叶覆盖，这表示 52% ～ 94% 的喷施药剂被沉积在土壤表面。

目前发达国家的植物保护机械以大型喷雾机为主（自走、牵引和悬挂），并采用了大量的先进技术，以提高设备的可靠性、安全性及方便性，同时满足越来越高的环保要求，实现低喷量、精喷洒、少污染、高工效、高防效。电子控制系统一般可以显示机组前进速度、喷杆倾斜度、喷量、压力、喷洒面积和药箱药液量等；通过面板操作，控制电磁阀动作，可调整系统压力、单位面积喷洒量及控制几路喷杆的喷雾作业等；系统依据机组前进速度自动调节单位时间的喷雾量，依据施药对象和环境条件严格控制施药量等；同时系统还可配有 GPS 定位系统，实现精准、精量施药。

目前我国的施药器械和施药技术比较落后，农药的有效利用率仅为 20% ～ 40%，大部分农药都流失到土壤和环境中，不仅浪费巨大，而且严重污染生态环境。我国在农业机械化科技发展重点领域与关键技术中明确提出，减少农产品农药残留、保证食品安全和保护环境是当前和今后农业生产发展中的紧迫任务。所以，借鉴国外先进经验，提高我国植物保护机械技术水平，进行高效、低污染施药技术的研究及机具开发是一项迫切的工作。通过对基于 GIS 的组合式变量喷雾控制器研究，为精准施药技术提供了一个新的思路，使喷雾机向着高效、可控的方向发展，对于环境保护、人身安全、经济效益方面有着突出的贡献。

基于 GIS 的组合式变量喷雾机结构如图 2-13 所示。喷雾机由药箱、药泵、溢流阀和喷杆等组成。其中喷杆部分由 3 个喷杆组合而成，每个喷杆上均安装有一组流量相同的标准喷头，不同喷杆上标准喷头的流量不同，在每根喷杆的进液端口分别安装有开关电磁阀和一个清洗阀，各个开关电磁阀分别通过管线连接到变量喷雾控制器；溢流阀用于实时调节施药系统的工作压力并保持在恒定值。喷雾机在田间实施变量喷雾作业时，接收差分 GPS 输出的信号，通过内部程序处理，提取经度、纬度等信息，然后在 GIS 软件系统中查询对应位置的

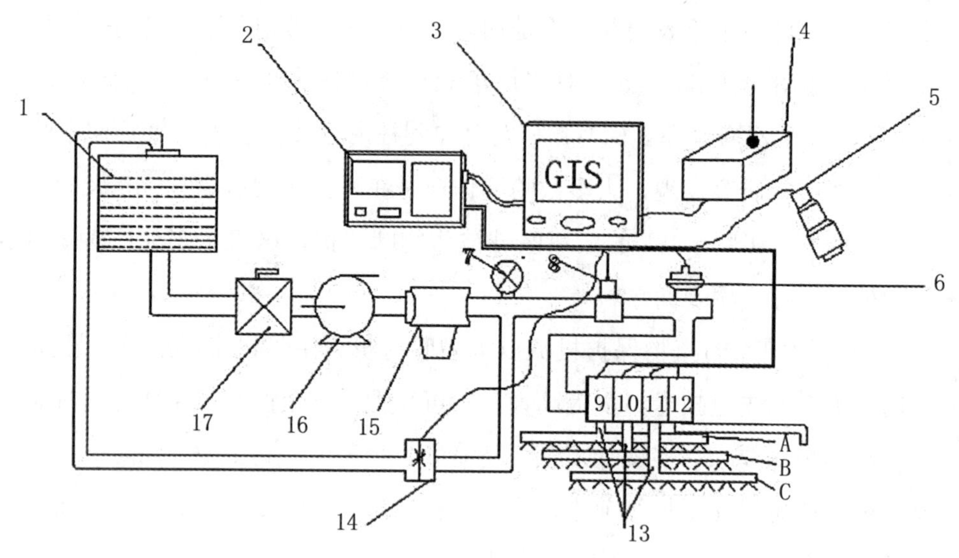

图 2-13　基于 GIS 的组合式变量喷雾机结构

1. 药箱　2. 变量喷雾控制器　3. PC 机　4. GPS 接收机　5. 雷达传感器　6. 压力传感器　7. 压力表　8. 流量传感器　9、10、11、12. 电磁阀　13. 喷杆　14. 溢流阀　15. 滤网　16. 压力泵　17. 总开关

施药量，再传送到变量喷雾控制器，变量喷雾控制器根据施药量和机具行走速度信息控制其 I/O 口，从而控制各个喷杆上的喷头喷与不喷，3 个喷杆的不同组合可以实现 7 种喷量。由于系统的工作压力由比例溢流阀实时调节并保持在一定值，因此在机具实际行走速度和施药目标特征变化较大的情况下，可实施大幅度的有级变量喷雾，喷雾质量基本不变。换用不同流量范围的喷头组合，可实现不同流量范围的有级变量喷雾。

在 GPS 系统的帮助下，采用现场调查采集的方法生成病虫草害处方图，如图 2-14 所示。采样系统包括卫星信号接收系统、田间信息采集记录设备以及处方图生成数据处理的 GIS 软件。采样人员记录地块中不同位置杂草分布情况，通过 GIS 软件得到的病虫草害分布样点，然后对样点进行插值分析，根据分析结果确定化学农药的施药量。

对试验基地的一块小麦地进行栅格采样，共取了 725 个样点，取样位置用差分 DGPS 定位。样点的空间分布如图 2-15 所示。

在半方差模型的基础上，利用普通 Kriging 插值法对未测数据点进行插值后获得了杂草田间的空间分布图，杂草分布呈现明显的区域性。

上位机应用软件的开发对于变量喷雾控制器是至关重要的组成部分，决定着系统是否能够满足精细农业中的应用需求。从根本上讲，田间信息采

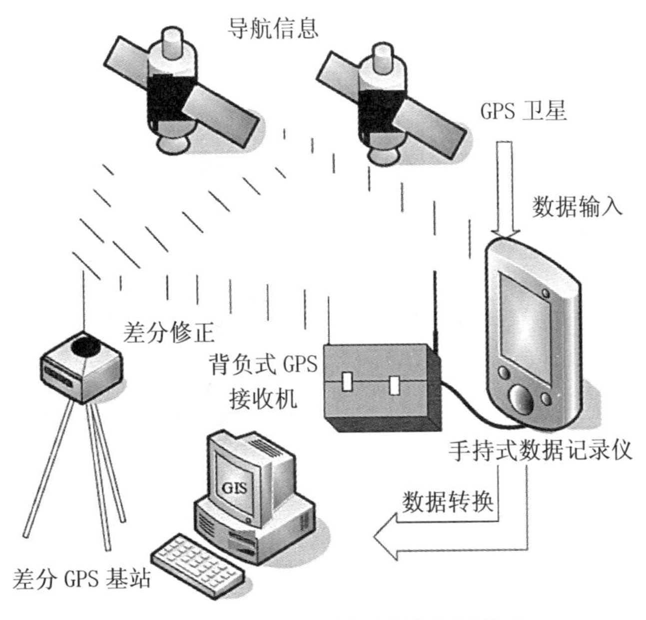

图 2-14　病虫草害田间调查处方图生成系统构成

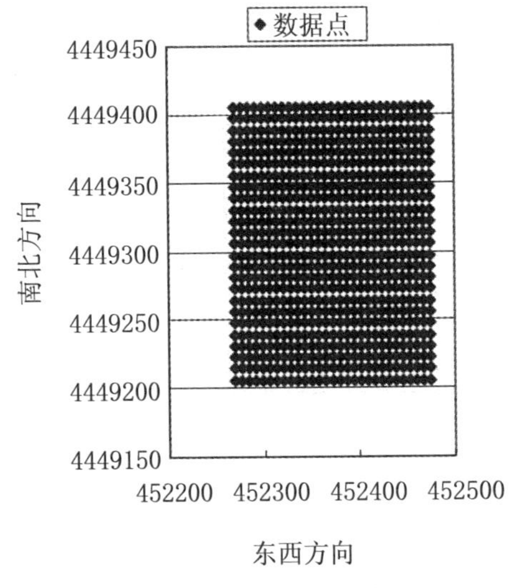

图 2-15　样点的空间分布图

集是根据精细农业信息采集作业流程为指导思想，围绕对田间地图操作展开的，这就需要软件有基本的制图和 GIS 功能。利用 GIS 工具软件生产商提供的建立在 Active X（OCX）技术基础上的 GIS 功能控件，如 ESRI 公司的组件式 MapObjects，开发人员可以基于通用软件开发工具尤其是可视化的开发工具，如 Delphi、Vasual C++、Vasual Basic、Power Buider 等为开发平台，进行二次开发，既能发挥所需的 GIS 功能，又具有专业软件的特点。系统采用了

ESRI 公司的组件式 MapObjects，并选择了 Vasual Bsasic 6.0 集成开发环境。变量喷药控制系统界面如图 2-16 所示。

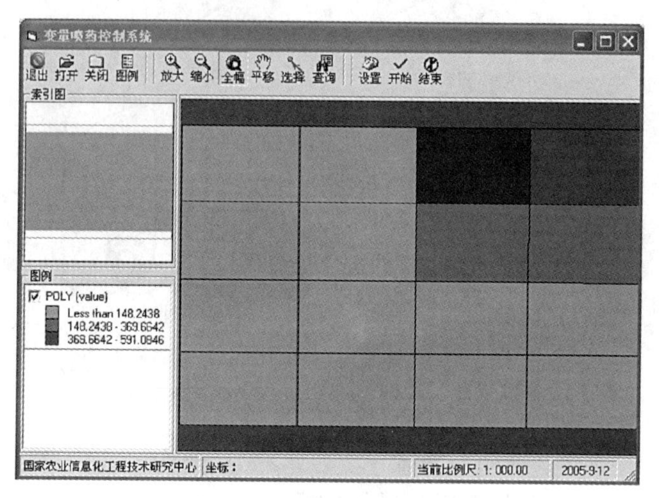

图 2-16　变量喷药控制系统界面

上位机应用软件主要支持基于 GPS 位置的杂草属性信息，软件的主要功能如下：

1.GPS 定位数据处理功能

在田间作业时，由于田间计算机是基于 GPS 的田间信息定位采集，所以应用软件应该能够接收、处理来自串口的定位数据。GPS 导航系统是由基准站和流动站构成，流动站 GPS 接收机将数据输出，接收机作为数据终端设备与计算机进行数据传送时，一般采用 D 型 RS-232C 电缆接口进行数据交换。GPS 的数据形式一般采用统一的格式 NMEA-0183，它的输出采用 ACSII 码，从 GPS 接收机输出的 NMEA-0183 信号，通过串口输入到计算机中。

2. 基本的 GIS 功能

田间计算机是以田间地图操作为基础，所以应用软件应该具备基本的 GIS 功能，即支持地图的显示、放大、缩小、平移、选择、查询等基本功能。

3. 文件存储格式

由于已有的大部分田间试验数据均以 .shp 文件格式保存，并且目前 .shp 文件格式也是 GIS 的标准存储格式之一。所以应用软件应将采集的信息以 .shp 文件格式保存，以利于在 ArcGIS 平台上处理、管理数据。ESRI 公司的 Shape 文件格式是一个比较简单的、没有拓扑关系的存储地理位置和地理特征属性信息的文件。Shape 文件格式用几个文件定义地理特征几何和属性数据，这些文件存储在同一个目录下，它们的扩展名如下：

- 主文件（.shp）——文件存储特征的几何数据。
- 索引文件（.shx）——文件存储特征的索引信息。
- 数据库文件（.dbf）——dBASE 文件存储特征的属性信息。

数据存储串口参数设置如图 2-17 所示。

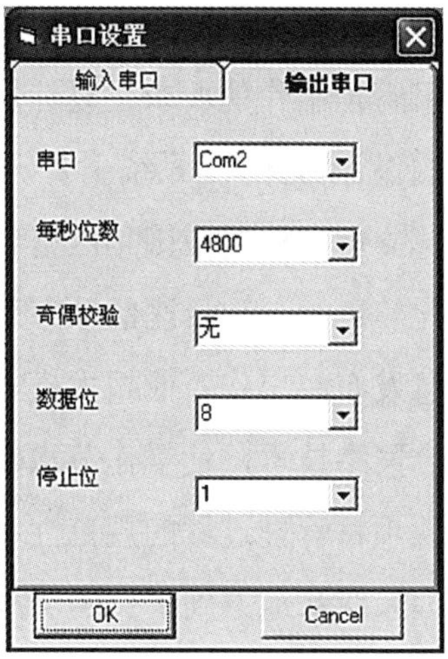

图 2-17　串口参数设置

四、基于 GIS 的旱作节水农业项目管理系统

我国是一个水资源严重短缺的国家，加之由于水资源的时空分布极不均衡，干旱缺水问题相当严重，未来的水资源形势更加严峻。目前，我国水资源的人均占有量尚不及世界的 1/4。预计到 2030 年人口达到 16 亿时，人均水资源量将会下降到接近国际公认的用水紧张国家标准（1 700 m^3）。近年来，水资源短缺，导致了许多地方人畜饮水困难，全国每年饮水困难的农村人口大约有 8 000 万，严重地妨碍着经济社会的可持续发展。目前，每年由于干旱缺水，给国家带来的损失近 3 000 亿元，相当于 1 亿多农民 1 年纯收入的总和。农业用水量大，干旱缺水已成为当前我国农业发展面临的首要制约因素。

随着信息技术的飞速发展，近年来，GIS 技术的发展和应用为传统的项目管理工作的改革提供了新的思路和方法。GIS 是以采集、存储、管理、分析和表达整个或部分地球表面与地理分布有关数据的空间信息系统。由于具有反映地理空间关系及综合、统计各种空间和属性信息能力的特性，GIS 为地理自然资源与环境的开发、建设、管理、规划及决策提供了现代化的技术手段。如何将 GIS 技术应用在旱作节水农业项目管理工作中，是本系统所需解决的问题，利用 GIS 平台，结合降水量、土壤类型、土地利用、种植业布局等基本自然数据资料以及地面土壤墒情监测资料，对干旱区域进行监测与综合评价，是实现科学、准确规划旱作节水农业项目实施地域的有效方法。

（一）系统需求分析

系统需求分析是旱作节水农业项目管理系统开发的关键工作阶段。通过对工作模式流程的深入分析，获取具体逻辑模型，从功能上确定旱作节水农业项目管理工作的要求，设计旱作节水农业项目管理系统的逻辑功能，以指导系统的设计与开发。系统主要研究利用计算机技术对旱作节水农业项目的辅助管理、建立起完整的中国旱区基础数据库（实现图形数据、属性数据在数据库中一体化管理）、项目区的动态规划、项目投资效益分析、中国旱作农业技术产业信息发布、旱作农业技术模式应用模拟分析、技术咨询与服务的智能处理，并结合网络技术，使旱作节水农业项目管理系统有限制地加入互联网。重点突出实现项目管理过程的规范性和科学性，项目规划方式的灵活性，以及体现项目管理系统从地方到中央的层次性与分布式特点。系统将具体实现功能如下：

1. 实现对旱作农业资源和信息进行科学管理

建立起完整的中国旱区基础数据库，规划所需的 1 ∶ 100 万空间基础数据与属性数据，以及与节水农业相关的基础统计数据库。提供各级政府部门在项目决策过程中所需信息的快速检索、规范处理、统计分析，应用计算机开发成为一套包括图表、多媒体和数据输入、转储，资料查询、汇总、打印，提供项目管理和专业信息开发利用功能的专业应用系统。

2. 实现对旱作农业项目的科学管理

提供各项目单位项目方案编写、实施管理和监测的各子系统，系统功能包括方案编写模板、数据采集系统、项目执行中各种数据的采集规范和处理，改变长期以来项目方案编写没有统一格式，项目执行数据难以汇总，项目成果没有档案以及各种数据手工处理的状况。同时便于长期资料的积累，将项目信息资源化。系统提供的项目管理功能，用户可随时了解项目进展动态和投资效果。

3. 实现对旱作农业技术的智能化管理和咨询

提供规范、完整、先进的技术资料存储与信息查询，包括技术参数、适宜区域和条件，技术操作规范、技术指标和技术效益等的多种信息的查询，为国家级或省级农业技术服务推广部门因地制宜进行技术咨询与推广提供智能化服务，并为建立以农民可查询的农业技术智能化咨询服务奠定基础。

4. 增强网络在项目管理中的作用

除了在局域网内部实现旱作节水农业项目的自动化辅助管理，更多地把管理功能扩充至互联网，建立节水信息网站，发布旱作节水技术及项目信息，接收上报数据。

5. 开发各级项目管理系统

根据各级政府管理部门在节水农业项目管理中的差异，开发出分别应用于县级、省级和国家级的项目管理系统，实现从国家到地方的旱作项目管理自动化和规范化。县级系统重点在于数据录入与项目申报，省级和国家级系统重在项目管理，最终实现二者的集成。旱作节水农业项目管理系统结构如图 2-18 所示。

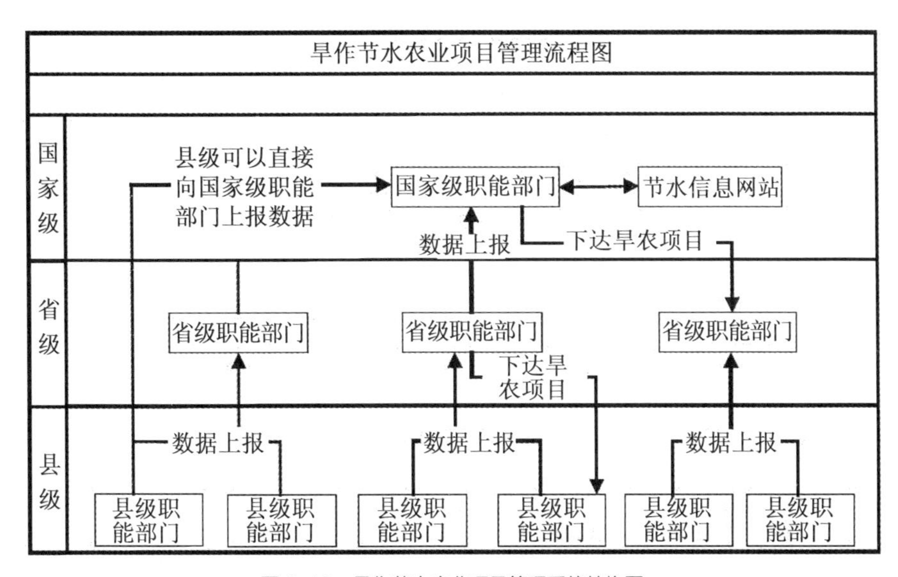

图 2-18　旱作节水农业项目管理系统结构图

（二）系统体系结构的设计

1. 旱作节水农业区域录入系统的设计

旱作节水农业区域录入系统涉及界面的表达与交互、数据的组织 / 存取 / 处理、数据传输等工作。根据 3 层结构思想，我们将旱作节水农业区域录入系统设计为人机界面交互层、业务逻辑层、数据服务层 3 层。采用 3 层结构的思想进行设计使系统的开发、维护、升级更新变得更加灵活。区域录入系统的 3 层结构如图 2-19 所示。

人机界面交互层负责界面的表达、与用户的交互工作，旱作节水农业项目数据要分阶段上报，在不同的数据上报阶段通过该层录入特定的项目数据。业务逻辑层则组织 / 存储和处理用户输入的分阶段旱作节水农业项目数据，如：将用户输入的旱作节水农业项目数据存入相应的表中，组织参与历年旱作节水农业项目数据的比较、统计分析。数据服务层则负责旱作节水农业数据文件的管理工作。在旱作节水农业区域录入系统体系结构中，完成一个旱作节水农业

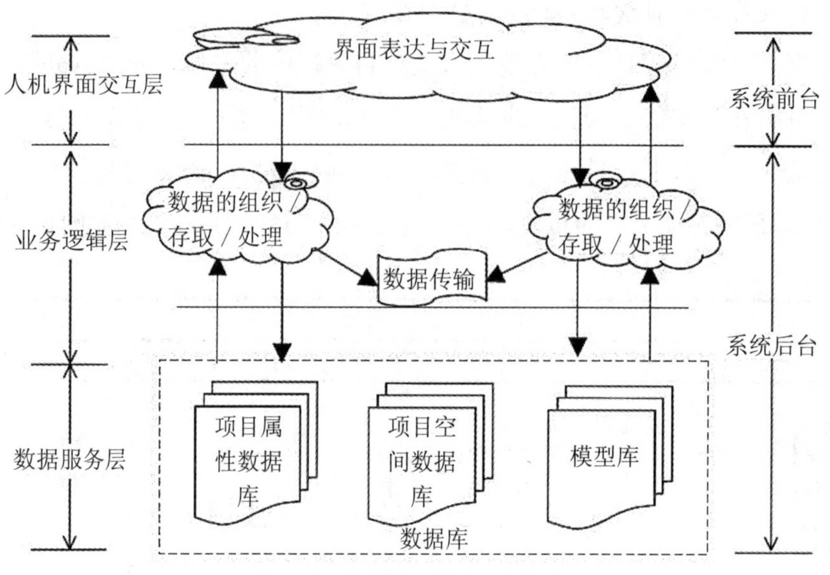

图 2-19 区域录入系统体系结构图

项目全部数据主要分为以下几个阶段：用户首先录入可行性研究报告的全部分项数据，上报数据进行项目申请。待项目审批通过，旱作节水农业项目正式开始实施，陆续分批次录入项目实施方案的全部分项数据并上报给上级主管部门，上报的数据资料对项目的技术方案、规模、资金使用等都做了详细的说明。在项目实施的过程中，录入项目管理的全部分项数据并上报，以便让上级主管部门实时了解项目的进度以及对项目的质量和资金使用进行监督管理。最后待项目完结后，录入项目验收的全部分项数据并上报给上级主管部门。

2. 旱作节水农业管理与决策子系统的设计

旱作节水农业管理与决策子系统是基于 GIS 平台建立的。系统的主要需求是对区域录入系统所采集到的数据进行管理和应用。首先系统需要对采集的数据进行存储，根据旱作节水农业项目基本要求对数据进行自动筛选，然后根据应用的需求对数据进行整理和分析，如历史旱作节水农业项目数据查询、统计分析，并且可以进一步根据需求做出旱作节水农业项目的规划方案。

旱作节水农业管理与决策子系统主要包括项目管理模块、背景数据模块、项目规划模块、效益分析模块、技术咨询模块和系统管理模块等几个部分。

项目管理模块根据局域网办公自动化的需求来设计，提高了旱作节水农业项目的审批效率，模块完全按照实际业务流程的逻辑顺序来模拟审批程序，软件操作简单。项目的审批迅速、准确，查找方便，可充分交流、共享。文件、资料的接收、审批、发送、归档、查询都可以快速而准确地在局域网中完成，不用管理人员从一个办公室到另一个办公室去递送一份份文件、资料。另外，在项目审批的过程中，充分体现了公平性和合理性。此模块在审批项目的过程中，每个环节对于审批人的权限都自动设置了严格的限制，每个环节审批结束后，系统在该环节审批结果存放的数据表中预设的字段上自动设置表识，必须按程序办事，有效地防止了越权、违规行为。这一方面增强了管理的合理性与透明度，另一方面严格了程序，既能改进工作方式，又促进了工作效率的提高。

背景数据模块主要功能是通过建立完整的旱作节水农业空间基础数据库（降水、干燥度、积温、坡度、土壤类型等），实现全国行政区划、自然条件（包括降水、积温、干燥度、地貌、土壤类型）、种植业分布、主要水系等与旱作节水农业关系密切的空间数据及其相关属性数据的图形显示、数据查询、图形输出等操作，直观显示旱作节水农业区域分布规律与特征。

项目规划模块主要功能是根据系统提供的自然、经济和社会因素等条件，结合项目的发展目标，确定旱作节水农业项目适宜区域，设定条件，通过干燥度、降水量、耕地面积、旱地面积、平地面积、耕作制度、土壤类型、地貌类型等矢量专题图叠加实现旱作项目的动态规划，能够动态显示分批次的旱作节水农业项目图形分布及其项目详细资料。

旱作节水农业项目主要目的是立足于旱区水资源的合理开发利用，提高旱区的耕地质量，改善旱区的农业生产条件。实施旱作节水农业项目工程，合理利用地下水源，提高灌区天然降水利用率，达到节水又降低农业生产成本和改善环境质量等多重目的。效益分析模块主要功能是通过区域特点和发展模式的数据分析，建立模型，对实施的旱作项目进行效益分析比较，包括项目的节水效益分析和经济效益分析，为政府有关部门在进行项目评价与选择时提供辅助决策支持。

技术咨询模块主要是帮助用户快速的查询旱作节水农业技术、技术的操作规程以及适宜地区等，并提供录入修改功能。这充分体现了空间与属性的交互查询和多媒体方式的运用，用户可以查询技术的文字背景资料以及图片，并且通过参数设置以及与图形的结合，通过地图显示，直观地查询某项技术的适宜地区。

技术咨询模块主要提供给用户两方面内容：①区域适宜技术。以县为基本区域单元，列出所选择县域的旱作技术相关参数积温、降水、干燥度等，种植制度和土壤类型等，用这些参数与相关技术模型的参数进行匹配，从而判断当前区域适宜采用的旱作节水农业技术；②技术适宜范围。选择某一项具体的旱作节水农业技术，系统根据该技术的相关参数，遍历图形数据库中的属性值，按照一定的模型，判断技术适宜的区域，显示出适宜使用该技术应用的地图分布和县名。

3. 旱作节水网站的设计

节水信息网站是旱作节水农业信息发布的窗口和旱作节水技术交流的平台，建立节水信息网站的必要性和可行性随着旱作节水农业的各种属性数据、空间数据的不断积累而越发明显。GIS 机制的引入，为拓展节水信息网站的功能提供了新的基点。节水信息网站的数据流程如图 2-20 所示。

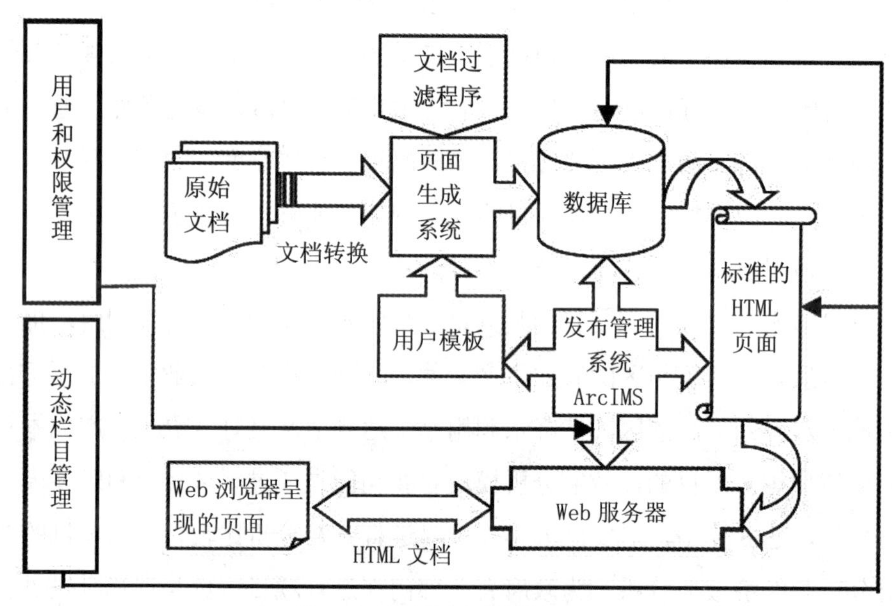

图 2-20　节水信息网站的数据流程

节水信息网站的原始数据经过预处理后，保存于发布数据库中。通过网站系统客户端，可以自由地对数据库中文档进行增删、查改等维护工作，易于添加、删改栏目。数据库中数据都以 HTML 的形式呈现出来，文档的相关图片也保存在数据库中。可随意使用 Dreamweaver 和 Frontpage 等 HTML 编著工具修改文档和图片。HTML 文档的版式信息也保存在数据库中。

发布数据由发布服务器的动态模版生成。动态模版语言可以是任何服务器端脚本语言，包括ASP、PERL、JSP、PHP等。我们只对动态模版访问数据库的内容的基本协议做了简单规定，大大减轻了用户的学习负担，可以采用熟悉的技术或标准化语言对系统功能进行扩充，而无须从头学习一种受限的非标准化模版语言。同时，也能充分利用现有资源，在很短的时间内将网站构建完成。发布产生的页面可以通过FTP工具保持与远程网络服务器数据同步。如果是专线用户则直接更新网站。

节水信息网站的原始文档经过文档过滤程序统一生成标准的HTML发布页面，同时用户也可以通过定制Dreamweaver和Frontpage中的HTML模版建立自己的HTML文件，预处理系统将同时抽取页面中的图片、图片与页面的对应关系，统一保存在发布数据库中。

发布数据库中数据，可以进行改写、编排、删除等维护，呈现给用户的都是HTML页面。发布后的文档可以直接发布输出到网络服务器，文档之间的相互关联被自动创建，最终用户所浏览的是标准的HTML页面，并且分布在不同的动态栏目中。

系统还根据用户不同的级别提供了完整的系统账号和权限管理，权限的划分包括该用户的操作权限和栏目的权限等，管理员可以进行灵活配置。

4.各个系统间的关系

针对旱作节水农业项目管理与决策子系统的实际问题，通过对实际运行工作流程进行分析，以及对实际工作要求综合提炼，概括抽象出技术运作系统的流程图（图2-21）。在以往的某些系统管理中，通常是图形与属性数据分离，即属性数据和图形数据没有直接联系，两类数据由系统单独管理和应用。在本系统旱作节水农业背景数据模块和项目规划中，将旱作节水农业项目区的专业

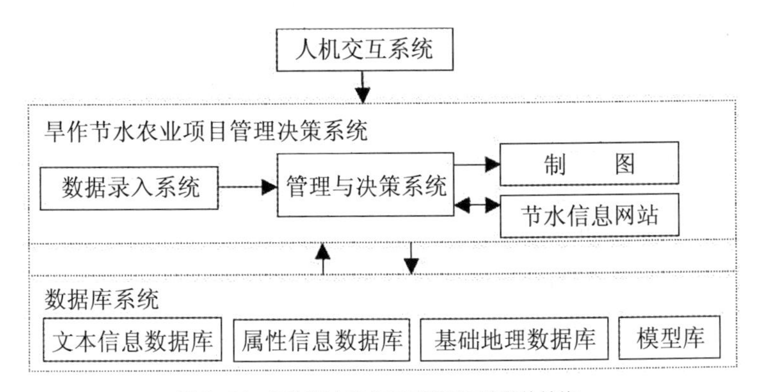

图2-21 旱作节水农业项目管理系统总体结构

属性数据与地理属性相结合，利用地理名称和项目编号将属性数据与空间数据相关联。

从系统需求分析出发，旱作节水农业项目管理与决策子系统的总体逻辑结构是：以数据库系统为数据基础，通过系统的人机交互系统及系统间网络的联系构筑旱作节水农业项目管理决策系统的运行环境，有效地实现旱作节水农业项目信息的输入、项目信息的传输、旱作节水农业项目审批、旱作节水农业项目信息查询、旱作节水农业项目管理的辅助决策、旱作节水农业技术交流等功能。

（三）系统应用

本系统主要用于我国干旱、半干旱地区旱作节水农业项目的管理，用户为县（市）、省、部级农业职能部门，实施旱作节水农业项目工程以改善当地的农业生产环境，促进当地农业的可持续发展。

对于在建已建旱作节水农业项目，系统可实现分批显示。

五、基于 GIS 的葡萄生产效率评价系统

作为重要的落叶果树之一，葡萄对土地的适应性强、结果早、经济效益高，种植葡萄已成为很多地区促进经济发展，增加农民收入的重要途径。自 20 世纪 80 年代以来，葡萄产业在我国得到突飞猛进的发展。在全球化的趋势不断扩大的今天，产品质量差别不大的前提下，葡萄的生产效率成为衡量我国葡萄是否具有市场竞争力的决定性条件。我国地域广大，气候多样，不同葡萄种植区域的种植条件、自然环境和投入产出都有差异。因此，针对我国不同葡萄种植区域的各种投入要素进行广泛调研，以获取大量原始数据，在此基础上对各地区葡萄的生产效率进行横向对比，找出影响生产效率的主要因素，寻求降低成本和提高生产效率的途径，使用 GIS 工具构建葡萄生产效率评价系统，为国家相关部门制定政策提供参考依据，并有助于调整葡萄产业生产投入结构，增加葡萄产出，促进葡萄产业健康发展。

（一）系统功能结构

葡萄生产效率评价系统主要包括以下 4 个部分：葡萄生产信息查询、葡萄生产信息统计分析、葡萄生产效率评价分析和系统信息管理。

1. 文件管理

主要包括系统界面的打开、保存、关闭、退出操作。

2. 地图操作

提供地图浏览、放大、缩小、漫游、鹰眼等操作。

3. 葡萄调查信息管理

提供葡萄调查问卷中信息的录入功能，获取葡萄生产信息查询统计和生产效率分析的原始数据，并提供问卷信息管理功能。

4. 葡萄生产信息查询统计

系统提供地图的图形选择和文本输入选择等地图查询操作工具，使用户获得葡萄生产信息的直观感受。系统提供专题图及柱状图、饼状图等统计图表的生成及展示功能。用户通过统计分析工具可对感兴趣的图层及数据进行分类生成专题图，研究整体或区域分布规律。

5. 葡萄生产效率评价分析

用于测算评价各省市区及区域的葡萄生产效率，一方面可评价葡萄生产中投入要素对生产效率的影响程度，另一方面可评价葡萄生产过程中的技术利用和规模的合理性。本系统提供两种分析方法，一种是利用生产函数法测算弹性值，另一种是利用数据包络分析法测算技术和规模效率值。这些结果都是为政府相关部门及企业提供辅助决策支持。

6. 系统信息管理

对系统中的数据库、模型库参数进行管理，提供整个系统的用户、权限等管理功能。

（二）系统体系结构

系统的开发采用 C/S 结构，对于需要处理大量图形数据的应用，提高系统运行的效率，具有无可比拟的优势，可以应用不同的模块，大量数据在服务器端进行处理，但客户端也参与其中，可以减小网络数据流量，缓解服务器的压力，提高反应速度。系统从逻辑上可以分为 4 层：表示层、业务逻辑层、GIS 服务层和数据层。

1. 表示层

表示层负责数据的输入与输出，是用户与系统进行交互的界面，它主要提供地图定义的解释及显示，捕捉用户的输入，检查用户输入的数据，调用业务服务层提供的各种功能进行人机交互，显示系统输出数据。界面采用 Visual Basic.NET 进行开发。

2. 业务逻辑层

业务逻辑屋是系统的主体部分，包括系统中地图的查询、统计等操作及模型调用功能。它根据客户端的请求，采用 COM 技术，完成功能调用或进行数据处理模型调用，包括葡萄生产函数测算模型及葡萄生产效率值测算模型的调用，应用 COM 组件技术可降低系统开发及维护成本。

3.GIS 服务层

GIS 服务层包括 GIS 平台和空间数据引擎 ArcSDE。

4. 数据层

数据层管理空间数据、属性数据，以及两者的链接、打开、保存、检索等功能。针对空间数据，它提供基本的空间对象和空间操作。它对上层屏蔽了数据类型、数据来源、物理位置及数据库类型等细节，通过对用户不同权限的许可，实现数据读写权限控制。数据层的数据包括空间数据、属性数据和系统管理数据。

（三）系统开发与运行环境

本系统采用基于 C/S 的软件架构体系，系统开发与运行环境选择如下：

1.GIS 平台

选用 ESRI 公司的 ArcGIS 9.0，使用 ArcSDE 作为空间数据库引擎，使用 ArcGIS Engine 作为客户端开发平台。ArcGIS Engine 是基于 COM 的组件式地理信息系统平台，可以整合上述模型。葡萄生产效率评价的模型组件以 COM 组件的形式传递给调用者，组件通过 COM 接口被集成的 ArcGIS 调用。利用 ArcGIS 可以实现葡萄生产信息及生产效率评价的可视化显示及空间分析等功能。

2. 数据库平台

选择 Microsoft Office Access 2003。

3. 操作系统配置

系统的服务器操作系统选用 Windows Server 2003。客户端可用 Windows 2000 以上的任意版本。

（1）客户端　Windows 2000 或更高版本。

（2）服务器端　Windows Server 2003。

4. 编程语言

Visual Basic. NET。

（四）系统界面

葡萄生产效率评价系统的用户登录界面如图 2-22 所示。

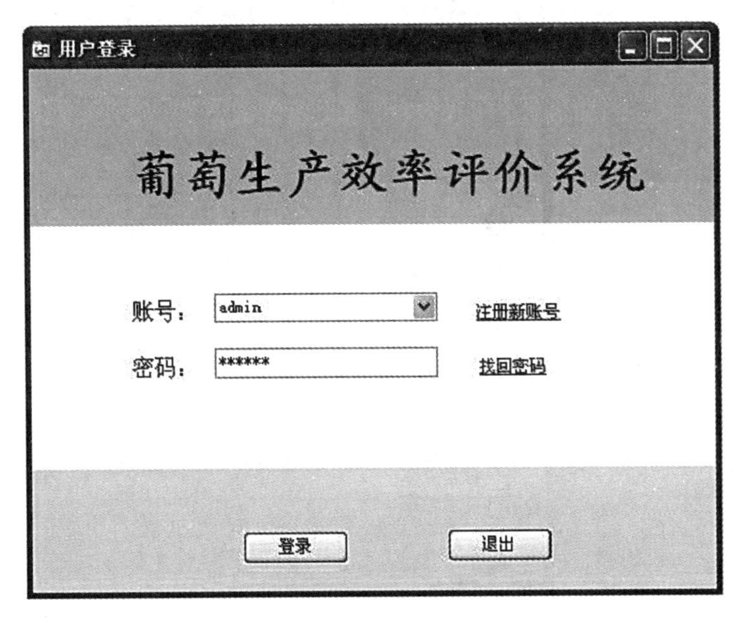

图 2-22　用户登录界面

生产信息录入界面如图 2-23 所示。

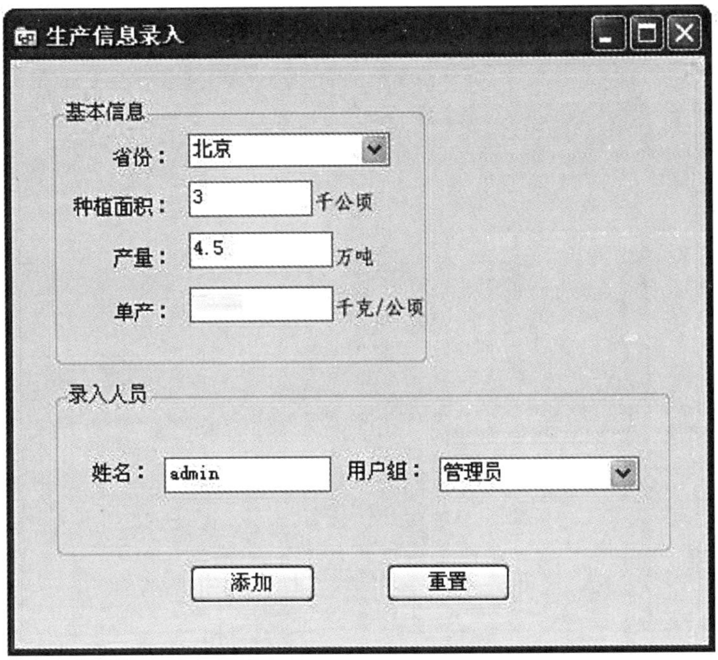

图 2-23　生产信息录入界面

葡萄生产效率评价功能参数选择界面如图 2-24 所示。

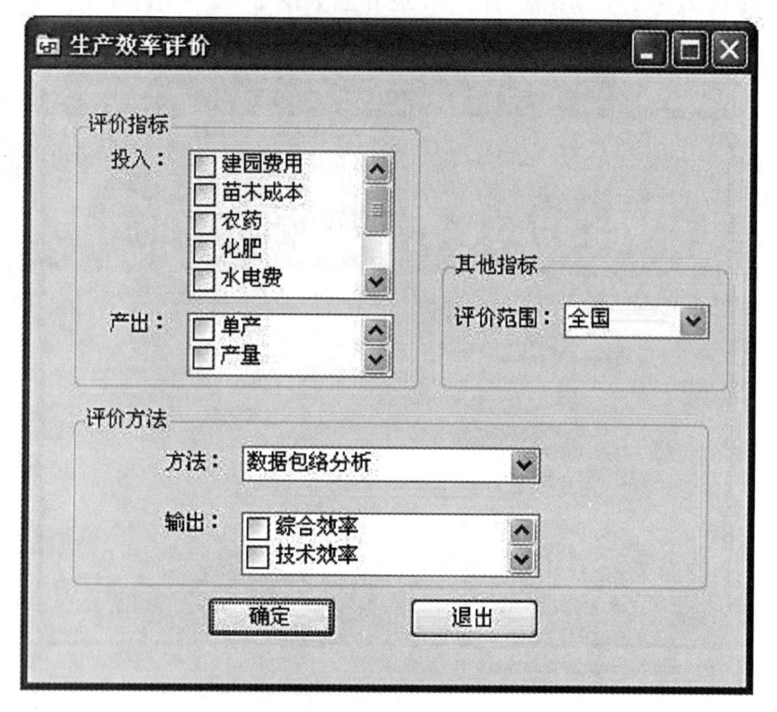

图 2-24　生产效率评价参数选择界面

葡萄生产效率评价功能中评价方法选择生产函数，评价范围选择可选择“区域”“全国”，评价方法包括“数据包络分析”等。

第三章
遥感技术

第一节　遥感技术的发展

一、遥感技术概述

遥感（RS）一词来源于英语 remote sensing，其直译为“遥远的感知”，简译为遥感，是 20 世纪 60 年代发展起来的一门对地观测综合性技术。遥感，从广义上说是泛指从远处探测、感知物体或事物的技术。即不直接接触物体本身，从远处通过仪器（传感器）探测和接收来自目标物体的信息（如电场、磁场、电磁波、地震波等信息），经过信息的传输及其处理分析，识别物体的属性及其分布等特征的技术。

通常遥感是指空对地的遥感，即从远离地面的不同工作平台上（如高塔、气球、飞机、火箭、人造地球卫星、宇宙飞船、航天飞机等）通过传感器，对地球表面的电磁波（辐射）信息进行探测，并经信息的传输、处理和判读分析，对地球的资源与环境进行探测和监测的综合性技术。

遥感技术是从远距离感知目标反射或自身辐射的电磁波、可见光、红外线，对目标进行探测和识别的技术。遥感技术作为地球信息科学的前沿技术，是目前最为有效的对地观测技术和信息获取手段，结合 GIS 和 GPS 等其他现代地球信息技术手段，可以实现农业信息的快速收集和定量分析，反应迅速，数据客观性强，是实现决策科学化的重要手段。

二、遥感技术的现状

遥感是以航空摄影技术为基础，在 20 世纪 60 年代初发展起来的一门新兴技术。1957 年，苏联发射了第一颗人造卫星，标志着航天遥感时代的开始。特别是 1972 年美国发射了第一颗陆地卫星，人类进入了太空时代，人们从飞机的高度（10～20 km）到太空高度（几百到几万千米）观测人类生存环境的地球。经过几十年的发展历程，遥感技术从初期的探测、试验，进入实用化、商业化，到 21 世纪初遥感技术已广泛应用于资源环境、水文、气象，地质地理等领域，成为一门实用的、先进的空间探测技术。人类从整体宏观的角度取得了对地球的从未有过的新认识；对太阳系家族的探测，取得了地球起源、生命起源、太阳系实况的最新认识。从 1961 年发射的 TI ROS-1 到现在的 NOAA 极轨气象卫星系列，不仅为人类公益事业做出了很大贡献，而且发现了地球上发生的所有热带风暴，拯救了无数的生命，减少了财产的损失（辛景峰，2001）。特别是 ERTS、Landsat 的多波段、高分辨率的可见光、近红外（以至热红外）图像以较之气象卫星更高的空间分辨率，把不同季节、不同年份的各个区域的面貌呈现在人们的面前。1978 年发射的 SEASAT 等使人们认识到微波的有效性，可以用这个技术手段拉开遮掩地球表面的“面纱”——云，形成了 SAR 热。20 世纪 80 年代随着 Landsat 的私营化，SPOT 的发射，尤其是 90 年代末高空间分辨率的 IKONOS 卫星的发射等，太空开发逐步进入商业化时代（王人潮，黄敬峰，2002）。

随着遥感技术和应用的不断发展，遥感一词也从初期的名词定义的推敲变成了大众化的技术用语。航天遥感、航空遥感这些专用术语也有了明确的含义。从地面到太空、多平台、多种传感器组成了系统的遥感信息获取系统。这些信息在作物估产、资源勘查、气象预报、地质构造、军事侦察等领域取得了前所未有的应用效果，初步形成了完整的遥感技术体系。

三、遥感技术发展的趋势

遥感技术总的发展趋势是，提高遥感器的分辨率和综合利用信息的能力，研制先进遥感器、信息传输和处理设备以实现遥感系统全天候工作和实时获取信息，以及增强遥感系统的抗干扰能力。

现代遥感技术的发展趋势：

•进行地面、航空、航天多层次遥感，建立地球环境卫星观测网络。

•传感器向电磁波谱全波段覆盖。由紫外谱段逐渐向 X 射线和 γ 射线扩展。从单一的电磁波扩展到声波、引力波、地震波等多种波的综合。

•图像信息处理实现光学 - 电子计算机混合处理，引入其他技术理论方法，实现自动分类和模式识别。

●实现遥感分析解译的定量化与精确化。

●与 GIS 和 GPS 形成一体化的技术系统

第二节　遥感技术的原理及系统组成

一、遥感技术的构成

遥感是一门对地观测综合性技术，它的实现既需要一整套的技术装备，又需要多种学科的参与和配合，因此实施遥感是一项复杂的系统工程。根据遥感的定义，遥感主要由以下 4 个部分组成：

（一）信息源

信息源是遥感需要对其进行探测的目标物。任何目标物都具有反射、吸收、透射及辐射电磁波的特性，当目标物与电磁波发生相互作用时会形成目标物的电磁波特性，这就为遥感探测提供了获取信息的依据。

（二）信息获取

信息获取是指运用遥感技术装备接受、记录目标物电磁波特性的探测过程。信息获取所采用的遥感技术装备主要包括遥感平台和传感器。其中遥感平台是用来搭载传感器的运载工具，常用的有气球、飞机和人造卫星等；传感器是用来探测目标物电磁波特性的仪器设备，常用的有照相机、扫描仪和成像雷达等。

（三）信息处理

信息处理是指运用光学仪器和计算机设备对所获取的遥感信息进行校正、分析和解译处理的技术过程。信息处理的作用是通过对遥感信息的校正、分析和解译处理，掌握或清除遥感原始信息的误差，梳理、归纳出被探测目标物的影像特征，然后依据特征从遥感信息中识别并提取所需的有用信息。

（四）信息应用

信息应用是指专业人员按不同的目的将遥感信息应用于各业务领域的使用过程。信息应用的基本方法是将遥感信息作为地理信息系统的数据源，供人们对其进行查询、统计和分析利用。遥感的应用领域十分广泛，最主要的应用有军事、地质矿产勘探、自然资源调查、地图测绘、环境监测以及城市建设和管理等。

二、遥感技术的特点

遥感作为一门对地观测综合性技术，它的出现和发展既是人们认识和探索自然界的客观需要，更有其他技术手段无法与之相比的特点。遥感技术的特点归结起来主要有以下 3 个方面：

（一）可获取大范围数据资料

遥感用航摄飞机飞行高度为 10 km 左右，陆地卫星的卫星轨道高度达 910 km 左右，可及时获取大范围的信息。例如，一张陆地卫星图像，其覆盖面积可达 3 万多 km^2。这些宏观景象的图像数据拓展了人们的视觉空间，为宏观地掌握地面事物的现状情况创造了极为有利的条件，同时也为宏观地研究自然现象和规律提供了宝贵的第一手资料。这种先进的技术手段与传统的手工作业相比是不可替代的。

（二）获取信息的速度快，周期短

由于卫星围绕地球运转，从而能及时获取所经地区的各种自然现象的最新资料，以便更新原有资料，或根据新旧资料变化进行动态监测，这是人工实地测量和航空摄影测量无法比拟的。例如，陆地卫星 4，每 16 天可覆盖地球一遍，NOAA 气象卫星每天能收到两次图像，Meteosat 每 30 min 获得同一地区的图像。

（三）动态反映地面事物的变化

遥感探测能周期性、重复地对同一地区进行对地观测，获取的数据具有综合性，真实地体现了地质、地貌、土壤、植被、水文、人工构筑物等地物的特征，全面地揭示了地理事物之间的关联性，并且这些数据在时间上具有相同的现势性。这有助于人们通过所获取的遥感数据，发现并动态地跟踪地球上许多事物的变化，同时研究自然界的变化规律。

（四）获取信息受条件限制少

在地球上有很多地方，自然条件极为恶劣，人类难以到达，如沙漠、沼泽、高山峻岭等。采用不受地面条件限制的遥感技术，特别是航天遥感可方便及时地获取各种宝贵资料。

（五）获取信息的手段多，信息量大

根据不同的任务，遥感技术可选用不同波段和遥感仪器来获取信息。例如可采用可见光探测物体，也可采用紫外线、红外线和微波探测物体。利用不同波段对物体不同的穿透性，还可获取地物内部信息。例如，地面深层、水的下

层，冰层下的水体，沙漠下面的地物特性等，微波波段还可以全天候地工作。遥感技术所获取信息量极大，其处理手段是人力难以胜任的。例如 Landsat 卫星的 TM 图像，一幅覆盖 185 km×185 km 地面面积，像元空间分辨率为 30 m，像元光谱分辨率为 28 b 的图，其数据量约为 6 000 b×6 000 b=36 Mb。

三、遥感技术的原理

任何物体都具有光谱特性，具体地说，它们都具有不同的吸收、反射、辐射光谱的性能。在同一光谱区各种物体反映的情况不同，同一物体对不同光谱的反映也有明显差别。即使是同一物体，在不同的时间和地点，由于太阳光照射角度不同，它们反射和吸收的光谱也各不相同。遥感技术就是根据这些原理，根据不同物体对波谱产生不同响应，识别地面上各类地物。也就是利用地面上空的飞机、飞船、卫星等飞行物上的遥感器收集地面数据资料，并从中获取信息，经记录、传送、分析和判读来识别地物。遥感技术通常是使用绿光、红光和红外光 3 种光谱波段进行探测。绿光段一般用来探测地下水、岩石和土壤的特性；红光段探测植物生长、变化及水污染等；红外段探测土地、矿产及资源。此外，还有微波段，用来探测气象云层及海底鱼群的游弋。

四、遥感技术的分类

电磁波遥感技术的原理是利用各种物体 / 物质反射或发射出不同特性的电磁波。分为可见光、红外、微波等遥感技术。

（一）按遥感平台的高度分类

大体上可分为航天遥感、航空遥感和地面遥感。

1. 航天遥感

又称太空遥感（space remote sensing）泛指利用各种太空飞行器为平台的遥感技术系统，以地球人造卫星为主，以载人飞船、航天飞机和太空站为辅，有时也包括各种行星探测器。卫星遥感（satellite remote sensing）为航天遥感的组成部分，以人造地球卫星作为遥感平台，主要利用卫星对地球和低层大气进行光学和电子观测。

2. 航空遥感

泛指从飞机、飞艇、气球等空中平台对地观测的遥感技术系统。

3. 地面遥感

主要指以高塔、车、船为平台的遥感技术系统，地物波谱仪或传感器安装在这些地面平台上，可进行各种地物波谱测量。

（二）按所利用的电磁波的光谱段分类

可分为可见光遥感、红外遥感、多谱段遥感、紫外遥感和微波遥感。

1. 可见光遥感

应用比较广泛。可见光/反射红外遥感，主要指利用可见光（0.4～0.7 μm）和近红外（0.7～2.5 μm）波段的遥感技术统称，前者是人眼可见的波段，后者即是反射红外波段，人眼虽不能直接看见，但可以被特殊遥感器所识别。两者的辐射源均是太阳，在这两个波段上只反映地物对太阳辐射的反射，根据地物反射率的差异，获得有关目标物的信息，它们都可以用摄影方式和扫描方式成像。对波长为0.4～0.7 μm的可见光的遥感的感测元件一般采用感光胶片（图像遥感）或光电探测器。可见光摄影遥感具有较高的地面分辨率，但只能在晴朗的白天使用。

2. 红外遥感

通过红外敏感元件，探测物体的热辐射能量，显示目标的辐射温度或热场图像的遥感技术统称为红外遥感。遥感中指 8～14 μm 波段范围。地物在常温（约 300 K）下热辐射的绝大部分能量位于此波段，在此波段地物的热辐射能量大于太阳的反射能量。红外遥感又分为近红外遥感，波长为 0.7～1.5 μm，用感光胶片直接感测；中红外遥感，波长为 1.5～5.5 μm；远红外遥感，波长为 5.5～1 000 μm。中、远红外遥感通常用于遥感物体的辐射，具有昼夜工作的能力。常用的红外遥感器是光学机械扫描仪。

3. 多谱段遥感

利用几个不同的谱段同时对同一地物（或地区）进行遥感，从而获得与各谱段相对应的各种信息的技术称为多谱段遥感。组合不同谱段的遥感信息可以获取信息，有利于识别信息。常用的多谱段遥感器有多谱段相机和多光谱扫描仪。

4. 紫外遥感

紫外摄影是适用于波长 0.3～0.4 μm 的紫外光的主要遥感方法。

5. 微波遥感

指利用波长 1～1 000 mm 电磁波遥感的统称。通过接收地面物体发射的微波辐射能量，或接收遥感仪器本身发出的电磁波束的回波信号，进而探测、识别和分析物体。微波遥感的特点对于特定的物质具有一定的穿透性，又能昼夜地全天候工作但空间分辨率低。雷达是典型的主动微波系统，常采用合成孔径雷达作为微波遥感器。

现代遥感技术的发展趋势是由紫外谱段逐渐向 X 射线和 γ 射线扩展。从单一的电磁波扩展到声波、引力波、地震波等多种波的综合。

（三）按研究对象分类

可分为资源遥感与环境遥感两大类。

1. 资源遥感

以地球资源作为调查研究的对象，调查自然资源状况和动态监测再生资源的变化，是遥感技术应用的主要领域之一。资源遥感具有成本低，速度快，有利于克服自然界恶劣环境的限制，减少勘测投资的盲目性等特点。

2. 环境遥感

利用各种遥感技术，监测、评价或预报社会自然环境动态变化的统称。由于人口的不断增长与资源的开发、利用，自然与社会环境随时都在发生变化，利用遥感多时相、周期短的特点，可以及时地为环境监测、评价和预报提供可靠依据。

（四）按应用空间尺度分类

可分为全球遥感、区域遥感和城市遥感。

1. 全球遥感

全面系统地研究全球性资源与环境问题的遥感的统称。

2. 区域遥感

以区域资源开发和环境保护为目的的遥感信息工程，它通常按行政区划（国家、省区等）和自然区划（如流域）或经济区划进行。

3. 城市遥感

以城市环境、生态作为主要调查研究对象的遥感工程。

（五）按接收的电磁辐射的性质分类

分为主动式、被动式遥感。

1. 主动式

通过主动发射电磁波形并接收被研究物体反射或者散射的电磁波进行推断。

2. 被动式

直接接收被观测物体自己发射或者反射电磁辐射。在自然界中，太阳是一个重要的辐射源。

（六）按遥感仪器所选用的波谱性质分类

可分为电磁波遥感技术、声纳遥感技术、物理场（如重力和磁力场）遥感技术。

第三节　遥感技术在农业中的应用

随着遥感技术的发展，遥感技术在农业上的应用更为广泛，更为深入。遥感技术在农业区划、土地资源调查、农作物生长状况及产量预测预报、农业灾害监测等方面取得了可喜的成果和进展。

自1972年美国发射第一颗地球资源卫星以来，卫星图像和数据为农业遥感技术提供了丰富的信息。气象卫星和海洋卫星及航空遥感图像的应用，也取得了令人瞩目的成果。美国于20世纪70年代中期开始的“大面积作物调查试验”（LACI E）和随后开展的“利用空间遥感技术进行农业和资源调查”成为农业遥感研究与应用的先例，被遥感界誉为遥感估产的典型和里程碑。LACI E项目的主要目的，是研制美国所需要的监测全球粮食生产的技术方法，其主要内容为：利用陆地卫星资料估算作物的种植面积和生长状况，利用气象卫星的天气资料作为作物单产估算模型的主要输入量。结果表明，应用卫星遥感技术有助于改进作物产量预测、估算，大面积小麦产量预报精度（刘海启，1999）。

“利用空间遥感技术进行农业和资源调查”计划是由美国农业部、国家宇航局、美国商业部、国家海洋大气管理局和美国内政部联合制定并实行的农业遥感技术项目，以满足美国资源管理和对全球作物产量及状况信息需要。主要包括早期预警与作物条件评价、调查技术的发展、产量模式的发展、支持研究、土壤水分、国内作物和土地覆盖调查、可更新资源调查、水土保持和污染8个方面。总之，农业遥感技术研究在国际上发展很快，除美国、俄罗斯、日本之外，如加拿大、德国、巴西、法国、澳大利亚、泰国、意大利等都开展了农业遥感研究。

我国农业遥感技术研究及应用虽然起步较晚，但已取得了很大成果。“八五”期间完成了小麦遥感估产系统，“九五”期间完成了水稻卫星遥感估产运行系统。“八五”期间将“重点产粮区主要农作物遥感估产”列为攻关课题，使其在“七五”

攻关成果的基础上进行大面积的估产试验。以小麦、玉米、水稻3个品种为主要研究对象，以遥感信息估测作物播种面积、长势、单产估算的技术流程为线索，融遥感技术、地理信息系统技术、全球定位系统技术为一体，结合地面采样实测和历史状况分析，研究农作物遥感估产的基本原理和技术方法，探讨存在的问题和发展前景，为农作物遥感监测和估产领域的发展、研究的深化、科研成果的推广应用起到了巨大推动作用（孙九林，1996）。

一、遥感技术在大范围种植面积的量算方面的应用

新疆棉花种植面积遥感估算

保证粮棉生产的第一步是保证播种面积。应用遥感技术进行大区域作物的面积量算、长势监测和产量估计是农情监测的主要内容。其中，大范围的种植面积的量算是产量估计的基础，目前有3种方法可以采用：①采用高空间分辨率的卫星影像（如Landsat TM、SPOT、CBERS-1等）全覆盖结合地面样点进行分类来提取面积。②采用高空间分辨率的卫星影像抽样计算变化率。③应用低空间分辨率、高时间分辨率的卫星影像（如FY、NOAA）采用遥感统计的方法提取面积（杨邦杰等，2002）。

无论农作物面积值的估算还是面积年际变化率的估测，农作物种植面积的大范围遥感监测一般都采用抽样的方法。如美国的大面积农作物估产计划、农业和资源的空间遥感调查计划，欧盟的MARS计划，我国的冬小麦、水稻与新疆棉花的种植面积遥感监测都应用了抽样的方法。

棉花种植面积遥感估算的实质是农作物的分类识别与统计问题，正确地识别棉花是遥感估算面积的前提。遥感图像分类就是利用计算机通过对遥感图像中各类地物的光谱信息和空间信息进行分析，选择特征，并用一定的手段将特征空间分为互不重叠的子空间，然后将图像中的各个像元划归到各个子空间。因此，利用遥感资料提取棉花种植面积，首先要确定研究范围和分析研究区卫星影像资料的光谱特征和信息量；再选择适当的分类规则，通过分类器把图像数据划分为尽可能符合实际情况的不同类别。

曹卫彬等通过对各种农作物遥感估算面积抽样方法的研究、分析与比较，在新疆棉花种植面积遥感监测中，采用了两阶段抽样与分层抽样相结合的新抽样方法。本抽样方法既能反映新疆各市县师棉花种植比例的差异性，又可避免单纯以市县师为抽样单元样本量少，进行分层抽样引起较大抽样误差的缺点。

更重要的是可以获得省级与省级以下行政单位农作物种植面积的绝对值，有利于生产管理与决策。

（一）遥感估算流程（图 3-1）

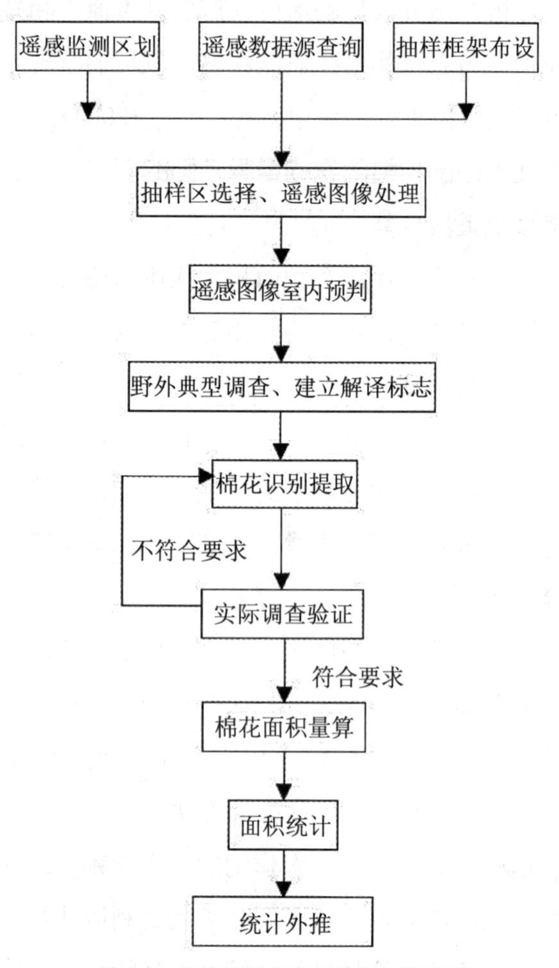

图 3-1　棉花种植面积遥感估算技术流程图

（二）抽样样本单位的选择

本研究中的抽样方法采用分阶段与分层相结合的抽样方法。抽样单元的大小，经结合新疆植棉耕地区域大小分析并反复试算，采用 2.5 km×2 km 格网作为抽样单元。即：第一阶段，将新疆有棉花种植的各市县包括生产建设兵团各师局 82 个单位按种植棉花面积的差异性分层进行抽样；第二阶段，在所抽取的市县师中再以 2.5 km×2 km 格网为抽样单元进行抽样。根据新疆植棉市县师的 1997 ～ 2001 年的统计数据平均总耕地面积约为 300 万 hm^2，则抽样单元数约为 6 000 个。本研究采用第一阶段分层抽样、第二阶段随机抽样的抽样方法。

（三）遥感影像图的选择与处理

棉花种植面积估算时间为 2002 年，采用 Landsat TM 遥感影像图。由于遥感传感器系统空间、波谱、时间以及辐射分辨率的限制，很难精确地记录复杂地表的信息，因而误差不可避免地存在于数据获取过程中。这些误差降低了遥感数据的质量，从而影响了图像分析的精度。因此在实际的图像分析和处理之前，必须要对遥感原始图像进行预处理。图像的预处理又称作图像纠正和重建，其目的是纠正原始图像中的几何与辐射变形。通过对图像获取过程中产生的变形、扭曲、模糊和噪声的纠正，以得到一个尽可能在几何和辐射上真实的图像。

对遥感图像常进行的预处理包括：辐射校正中的大气校正、太阳高度和地形校正，几何校正中的图像配准、图像纠正等（赵英时等，2003）。

（四）遥感图预判

遥感图预判的主要任务是掌握解译区域的特点，确立典型解译样区，建立目视解译标志，探索解译方法，为全面解译奠定基础（秦其明，1999）。对于本研究区域，了解熟悉生产建设兵团第八师（第八师）农业区的农作物种植分布特点、地理特点、目标作物棉花与其他地物的影像特征，在此基础上建立影像解译标准，制定野外调查方案与调查路线。

在实地野外调查过程中，结合 GPS 技术，在选择调查区域的棉花与其他主要农作物田块做出解译标志，在最佳时相期，棉花的影像特征与其他农作物的差异性就非常明显。以最佳时相期遥感图建立主要农作物与其他典型地物的解译标志（表 3-1），可首先在目视判读时，初步较准确地确定各种地物尤其是目标作物的位置、分布、形状与光谱特征，为后续过程中准确识别棉花作物与种植面积估算奠定基础。

（五）棉花识别与面积量算

在遥感图像处理软件 ERDAS Imagine 8.4 支持下，对原始图像进行拉伸等增强处理，使耕地内部不同作物的反差得到最大限度的增强。具体方法是先利用自动分类方法进行分类，再利用区域边界裁下分类结果进行面积统计，这样比先裁后分类精度要高（方红亮，1998），流程如下：①将 TM 图像（144-29 幅）文件在 ERDAS Imagine 8.4 软件中按初始分类数 30 进行非监督分类，初始分类数要大于最终分类数两倍以上（党安荣等，2002），形成分类数据图像

表 3-1　第八师农业区解译标志（9 月）

TM 影像	地物名称	判读标志
	棉花	近大红色、纹理均匀、细腻，形状规则
	番茄	暗粉红色，纹理均匀、细腻，形状规则
	水稻	暗红色，带些暗黑色，纹理均匀，形状规则
	玉米	暗红色，纹理均匀、细腻，形状规则
	葡萄	暗红色、纹理均匀、细腻，形状规则
	居民点用地	浅绿色呈暗黑色，纹理粗糙，形状不规则
	道路	纹理粗糙，形状多为条带状
	水体	蓝黑色，纹理均匀，多为规则四边形，大小不等
	山地	颜色因地区而异，纹理粗糙而且形状也不规则
	戈壁	浅绿色、灰绿色，纹理均匀细腻，形状不规则
	云色	调为白色，纹理均匀，但形状不规则

文件。②在分类图像上按 143 团行政边界裁取 124-39 幅影像的 143 团部分。③对非监督分类结果进行聚类，边界的像元个数（线宽为一个像元）占 143 团全团像元总数的比例很小，因此面积统计时由边界像元引起的误差可以忽略不计。④将 2.5 km×2 km 格网抽样框图叠放分类后的遥感图上，叠放后的格网数为 59，所需样本数为 46。随机抽取 46 个 2.5 km×2 km 格网，量算出所有样本格网的棉花种植面积。⑤利用抽样统计公式推算出 143 团棉花种植面积结果为 7 907 hm^2（约 11.86 万亩），在此基础上，再结合线状地物扣除方法进行线状

地物扣除。根据 143 团场的各种线状地物占总耕地的比例 12.69%，扣除后的棉花种植面积为 6 907 hm^2（约 10.36 万亩），更接近实际调查结果。若以实际调查结果为准，精度可达 96.4%。

（六）第八师棉花种植面积估算

对于第八师其他棉花种植团场的棉花种植面积估算过程与范例相同，面积量算前应将各团场的行政边界矢量图叠加到分类后的遥感图上。最终量算出 2002 年第八师各团场与总的棉花种植面积结果见表 3 － 2。图上量算出棉花种植面积为 119 427 hm^2，按线状地物占耕地比例 12.69％扣除后，估算出第八师 2002 年棉花种植面积为 105 368 hm^2（约 158 万亩）。

表 3-2　第八师棉花种植面积遥感估算数据表（hm^2）

	团场名称	图上量算	扣除线状地物后
	121 团	10 168	8 979
	122 团	5 522	4 876
	132 团	5 620	4 963
	133 团	6 157	5 437
	135 团	3 707	3 274
	136 团	4 040	3 568
	141 团	4 690	4 142
	142 团	8 374	7 395
	143 团	7 821	6 907
	144 团	5 964	5 267
	石河子总场	12 039	10 632
	147 团	7 628	6 736
	148 团	11 944	10 549
	149 团	8 963	7 915
	150 团	9 443	8 339
	152 团	1 745	1 541
总计		119 427	105 368

二、遥感技术在种植面积变化监测方面的应用

基于 MODIS 图像的水稻面积遥感二重抽样

我国南北两个稻区的水稻种植面积变化特征不同。全国水稻种植面积从1991年起呈下降趋势，1994年全国水稻种植面积3 074.4万hm^2，2004年全国水稻种植面积2 837.8万hm^2，十年间种植面积减少8.3%。在南方稻区，早籼稻种植面积减少较多，1994～2004年的十年间早稻的种植面积减少37.8%。但是在北方，由于东北地区的粳稻品质优良，近年来大力发展灌溉系统，水田面积不断扩大，水稻生产的区域布局发生了重大变化，特别是黑龙江省的水稻种植面积增加较快，1994～2004年的十年间水稻种植面积增加了1倍。东北三省1994年水稻种植面积173.7万hm^2，占全国水稻种植面积的5.6%；到2004年，东北三省的水稻种植面积增加到273.2万hm^2，占全国水稻种植面积的9.6%。1994～2004年的十年间东北三省水稻种植面积增加了57%。1994～2004年东北三省水稻种植面积统计图见图3-2。在东北地区逐年增加的水田面积中，一部分是由于灌溉设施的建设，土地利用类型由旱地转变为水田，另一部分是由于对湿地的开发，土地利用类型由湿地转变为水田。

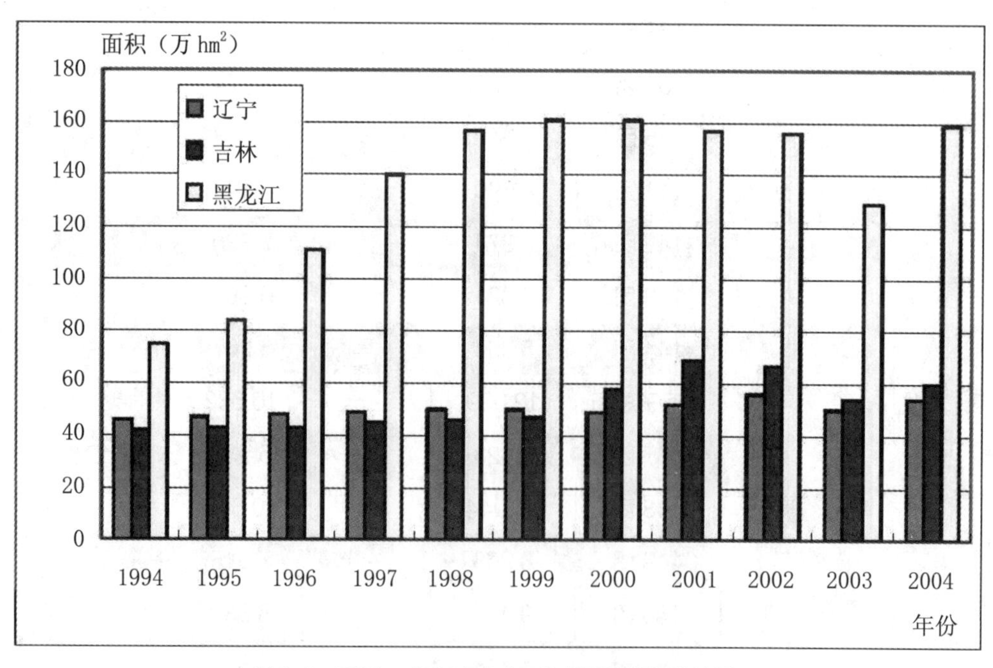

图3-2　1994～2004年东北三省水稻种植面积统计图

对于东北地区水稻种植面积逐年增加的变化特征，本研究选择二重抽样的方法对东北地区水稻种植面积进行调查，利用 MODIS 图像时间分辨率高、覆盖范围广和数据免费的特点，对区域水稻种植状况进行全覆盖初步调查，掌握有关总体信息，然后在实施分层抽样调查。推算东北地区水稻种植面积变化率，为农业部农业遥感中心，提供大尺度水稻种植面积遥感监测的运行方案。

二重抽样也称二相抽样。二重抽样的主要特点是抽样分两步进行，第一步抽样称为第一重（相）抽样是从总体中抽取一个比较大的样本，称为第一重样本。对第一重样本的调查主要是获取有关总体的某些辅助信息，为下一步的第二重抽样估计提供条件。第二重（相）抽样所抽的样本相对较小，对它进行的调查才是主调查，一般的第二重抽样样本是从第一重样本中抽取的，是第一重样本的一个子样本，有时也可以从总体中独立的抽取。焦险峰等设计二重抽样的目的是为分层抽样提供总体和层权资料。分层抽样的前提是总体各单元能按分层标志进行分层，并事先已知各层的层权。然而对于东北地区的水稻种植面积遥感抽样调查，背景数据库中的水田分布信息不能准确地反映总体信息和各层的层权。这时，首先利用 MODIS 图像对东北地区水稻种植状况进行全覆盖的初步调查，了解水稻分布状况，确定调查的总体，并对抽中的各单元进行分层，确定层权，作为总体层权的估计量，然后按分层抽样形式，利用 TM 图像抽取较少的样本，对总体数量特征做出分层估计，得到东北地区水稻种植面积数据。图 3-3 是基于 MODIS 图像的水稻遥感二重抽样流程图。

（一）第一重抽样

以中国东北地区为研究区，应用多时相的 MODIS 产品数据，在外业地面实地调查的基础上，根据水稻生长的农学知识和遥感影像光谱反射的地学知识，提取水田的光谱特征和水田植被指数时间变化过程特征，建立知识库。并应用逐步分离遥感影像中影响水田分类的云、永久水体、草地、林地等背景地物，而逐渐逼近分类目标水田的方法，设计了基于知识的步进模型 SRM 提取水田面积，完成了 2005 年东北地区水稻种植面积遥感初步调查。

（二）抽样框设计

东北地区水稻遥感第二重抽样调查利用第一层抽样得到的当年水稻种植空间分布，作为第二重分层抽样的总体。采用 1∶5 万地形图国际标准分幅作为二重分层抽样的抽样单元，构造抽样框。我国北方地区一个 1∶5 万地形图国

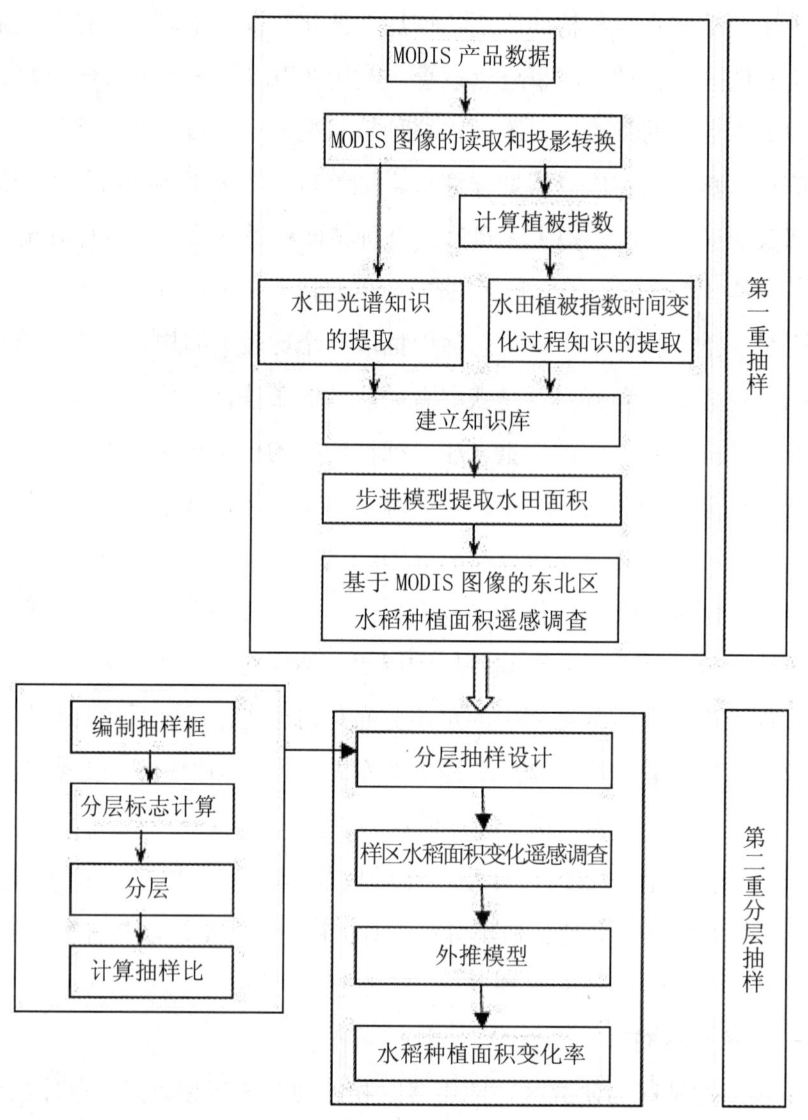

图 3-3 基于 MODIS 图像的水稻遥感二重抽样技术路线与流程图

际标准分幅大约在 25 km×20 km，图幅面积在 500 km^2 左右。相当于一幅全景 SPOT 影像的 1/7。依据当年水稻种植空间分布图，剔除没有水田分布的抽样框，以所有包含水田的 1∶5 万地形图国际标准分幅网格作为第二重分层抽样的抽样框，东北地区二重抽样的总抽样单元数为 1 197 个。

（三）第二重分层抽样

在 GIS 的支持下，依据累计平方根法得到的各层分点，确定各抽样单元所属的层数，将所有的抽样样本划分成 6 层，并将分层结果制作成分层图。以掌握样本在各层的分布状况，通过空间位置建立抽样单元与遥感影像之间的对应关系，为下一步遥感方法获取抽样样本过程中遥感数据的选择提供依据。

（四）遥感数据选取

遥感影像的时相选择，主要考虑东北地区水稻的空间分布、生育期、轮作规律和田块分布特征。东北地区水稻面积遥感二重抽样所选取的遥感影像时相在 7 月中旬至 8 月上旬，监测结果发布的时间是 9 月下旬。

（五）遥感解译获取样本单元调查数据

被抽中样本单元的水稻种植面积遥感监测采用对比的方法，以同一地区当年和上一年两个时相的 TM 遥感影像为依据，利用遥感影像的处理、识别、解译和地面调查等技术，提取水稻种植面积变化信息，进行面积量算。根据大尺度作物面积遥感监测快速、高效、准确的运行化要求，遥感解译获取样本水田种植面积的工作流程可以分为 11 个步骤。

1. 遥感影像预处理

根据水稻光谱特征，选择最佳波段组合，按假彩色 TM 图像 453 波段合成，形成遥感影像数据文件。通过波段拉伸等处理进行图像增强。

2. 遥感影像几何精校正

采用二阶多项式进行遥感影像的几何精校正。首先对照地形图或参考影像建立地面控制点集，最后采用最邻近邻域法重采样生成几何精校正后影像。为了保证几何精校正的质量，建立了标准的参考影像库和控制点集。在没有参考影像的情况下，用地形图作为参考进行纠正，并保证控制点的空间分布接近均匀分布。对于 Landsat TM 等可见光 - 多光谱遥感图像数据，每个地面控制点 RMS 误差与 RMS 累积误差均要求不超过一个像元。同时，从控制点个数上进行精度约束，全景的 TM 影像，要求其控制点个数不低于 30 个。

3. 影像配准

以一个时相经过几何精校正的遥感影像为基准，进行同一地区另一个时相遥感影像的配准，配准误差控制在一个像元。

4. 初步解译

明确解译难点，制定样方的野外调查方案。

5. 进行野外调查

用差分 GPS 采集样点、样线和样方，为建立解译标志和检验解译结果采集数据。

6. 制作 1∶5 万地形图分幅影像

7. 建立覆盖所有解译区域和分类系统的遥感影像解译标志

8. 遥感图形解译

采用监督分类（或非监督分类）和人工目视解译相结合的方法，依据解译标志，按照遥感解译分类系统，进行遥感图形解译。地类定性判断的准确率不低于 95%。

9. 解译结果套合

将一个时相的解译结果套合到另一个时相的遥感影像上，进行水稻面积变化信息提取。

10. 解译成果汇总

解译成果以 1∶5 万地形图分幅为单位统计汇总。

11. 会审

找出解决类似问题的方法，检查解译标志是否正确，图斑勾绘是否准确，有无同谱异物现象，野外调查的信息是否充分利用，必要时重新解译，并进行矢量化图件叠置检查，完善技术规程。

表 3-3 是 2005 年东北地区水稻种植面积遥感抽样调查样本单元水稻种植面积解译结果（部分）。

表 3-3　东北地区样本单元水稻种植面积解译结果汇总表（部分）

	2004 年面积（hm^2）	2005 年面积（hm^2）	变化率	备注
10510181	900.18	938.21	4.23%	黑龙江
10510081	14 131.33	13 477.59	−4.63%	黑龙江
10510082	9 889.51	9 607.22	−2.85%	黑龙江
11511011	4 115.66	4 169.03	1.30%	黑龙江
11511033	15.02	15.12	0.69%	黑龙江
11511132	26 643.53	27 019.60	1.41%	黑龙江
11511143	2 731.10	2 746.45	0.56%	黑龙江
11520021	2 402.21	2 440.47	1.59%	黑龙江
12511082	2 192.15	2 345.77	7.01%	黑龙江

（六）水稻种植面积年际变化率推算

东北地区水稻种植面积遥感二重抽样调查，在第一重抽样阶段，利用 MODIS 图像对东北地区水稻种植状况进行快速的遥感粗调查，了解当年水稻种植分布。作为第二重抽样的总体和分层抽样所必需的分层指标和层权重的依据。在第二重抽样阶段，采用分层抽样的方式，在 95% 的置信度控制下，抽样满足精度要求数量的样本，通过样本空间位置分布，建立抽样样本与遥感影像间的对应关系，进行遥感影像的选择和订购。经过遥感影像的预处理、野外实地调查和水稻种植面积解译，得到样本中水稻种植面积年度变化信息。最后，根据统计抽样理论中，样本均值作为总体均值的估计和用样本比例作为总体比例的估计的理论，建立外推模型，计算当年水稻种植面积对比上一年水稻种植面积的变化率。

2005 年，采用本研究的基于 MODIS 图像的水稻面积遥感二重抽样的方法，对东北地区水稻种植面积进行了遥感抽样调查，调查结果显示，2005 年东北地区水稻面积比上年增加 3.9%。以 2004 年东北地区水稻种植面积 273.2 万 hm^2 为上年种植面积基数推算，2005 年东北地区水稻种植面积比上年增加 10.65 万 hm^2。

三、遥感技术在土地资源管理方面的应用

基于知识的高分辨率遥感影像耕地自动提取技术

20 世纪 80 年代初遥感技术逐渐开始应用于我国的土地资源管理，采用卫星影像和航片在全国范围内开展了农区 1 ∶ 1 万、林区 1 ∶ 2.5 万、牧区 1 ∶（5 ～ 10）万的土地资源调查；1996 年应用美国陆地资源卫星的 TM 影像，监测了 17 个城市的建设用地规模；1999 年以 TM 和 SPOT 影像为主要数据源，对全国 66 个 50 万以上人口的重点城市进行了监测，重点分析新增建设用地占用耕地的状况；2007 年以正射影像图为基础数据，开展了第二次全国土地调查，以 SPOT 5 影像为主要数据源，部分复杂地区使用了更高分辨率的 QuickBird 影像；为了保证第二次全国土地调查成果的现势性，至 2009 年开始，每年全国统一购买、制作并下发以县为单位的正射影像，以获得覆盖全国的土地利用动态监测成果，并用于当年的土地变更调查工作。综合我国的土地利用遥感监测工作来看，虽然采用的方法中包括目视解译、计算机图像处理以及二者结合 3 种，但仍然以目视解译为主。以连续进行了 5 年的土地利用变更调查与遥感

监测工作为例，该工作的主要任务包括遥感监测，土地利用现状变化调查，基本农田情况调查，土地利用现状变化调查成果核查，用地管理信息标注，数据汇总统计与分析，更新国家级土地调查数据库等。遥感监测是土地变更调查的基础性工作，它是由国土资源部统一购买、采集、制作每年的土地利用正射遥感影像图，并由土地勘测规划院组织，以县为单位提取新增建设用地的遥感监测图斑，形成年度遥感监测成果，下发到地方辅助开展土地变更调查。影像的时相，集中在当年的 8 月至下一年的 1 月；影像的类型，根据各地的土地利用变化特点、管理需要以及遥感资料的保障能力等，将全国划分为 4 类工作区，分别使用空间分辨率为 1.0 ～ 5.0 m 的遥感影像。监测图斑的提取，采用的是人工目视解译的方式，即通过比对一个县去年和今年的遥感影像，同时参考去年的土地利用现状矢量数据，将新增的建设用地图斑勾绘出来，工作量大，主观性强，专业性要求高，工作周期长。遥感监测的重点是提取新增建设用地及其占用耕地的变化信息，而新增建设用地的主要来源是耕地，因此通过提取耕地的现状信息，分析前后时相耕地的变化，可以从另一个角度来辅助完成该项任务；同时利用获取的耕地信息对其开展流量与流向的合理性分析，可以辅助完成基本农田保护监测，土地利用总体规划修编基础数据复核，土地利用宏观监测，以及耕地后备资源调查等。

（一）信息的提取

高分辨率遥感影像，能够清晰、准确地表达地物的边界、形状、表面纹理、内部结构和空间关系。传统的基于像素的分类方法应用于高分辨率影像的信息提取存在一定的劣势。原因之一在于这种方法仅仅以光谱特征和纹理特征作为主要的判断依据，忽略了更多可用的、有效的影像信息；原因之二在于高分辨率影像仍然具有“异物同谱”和“同物异谱”的现象，而且比中低分辨率的影像还要严重。因此，国内外大量研究已表明，面向对象的影像分析技术，更适合于高分辨率影像，一方面能够有效地改善分类结果的“椒盐效应”，便于分类结果的矢量化和快速入库；另一方面，以影像分割后的与实际地物接近的图斑作为分类的基本单位，能够充分利用光谱特征、空间特征、语义特征和上下文特征，因此分类精度会明显地提高。不可否认的是面向对象的影像分析技术同时也存在一些局限性，降低了它的自动化程度，进而影响了它在实际业务工作中的应用，如分割算法的选择及最佳分割尺度的确定、最适宜分类特征的选择、分类特征阈值的确定等。

耕地信息的快速、准确提取对耕地动态监测、耕地地力调查与评价、耕地保护及基本农田划定、土地资源利用程度分析、精准农业等具有重要意义。高分辨率影像，增强了耕地的内部差异性，使得耕地覆盖的光谱表现呈现多样性，加大了耕地准确提取的难度。高分辨率影像的耕地提取，可以分为分割和分类两种方式。分割指的是通过引入某种分割方法来直接提取耕地地块，因为耕地地块提取在数字图像处理领域其实就是图像分割，具体的分割方法包括聚类法、基于边缘检测的分割、基于区域的分割等，这种方法对于面积较大且内部均匀的耕地提取效果较好。分类指的是利用基于像素或者面向对象的土地利用 / 覆盖分类及耕地的专题信息提取技术，获取耕地信息，进行耕地制图。本部分重点关注的是分类。

1. 国外方面

Sun 等针对土地利用分类提出了一种基于多光谱和全色影像的信息融合方法，首先进行最大似然分类，然后对分类结果进行概率松弛处理以减弱“椒盐效应”，同时对全色影像进行边缘检测，最后利用改进的区域增长算法将这 3 种信息进行融合，得到最终的分类结果。

Chen 等构建了相同的知识规则，分别用基于像素和面向对象的分类方式，对北京市房山区某区域的 SPOT 5 影像进行土地覆盖分类，在耕地的提取策略上，先区分水体和非水体，然后区分植被和非植被，最后从植被里利用坡度区分林地和耕地，结果表明这两种基于知识的分类在精度上接近，面向对象的分类的优势在于一是能够避免“椒盐效应”，二是能够利用更多的特征，例如用形状特征进一步区分道路和建筑。

Conrad 等基于面向对象分类的思想，结合物候学的知识，利用两个时相的 ASTER 数据，并将影像缨帽变换后的绿度分量和亮度分量作为分类特征引入，对乌兹别克斯坦的某省进行灌溉作物的识别和制图，总体精度达到 80%。

Lu 等基于 QuickBird 影像，对比了 3 种分类方法的分类效果，即仅利用光谱特征的监督分类、多光谱影像和纹理波段结合的监督分类及面向对象的影像分类，证明了空间信息无论是以纹理波段的形式，还是以纹理特征的形式参与分类，都能明显地改善分类效果。

Gao 等在进行面向对象的土地覆盖分类时，采用 SEaTH（Sepearbility

and Thresholds）算法实现了特征优选和特征阈值的自动确定，通过分析两两类别之间的分离度，构建了针对每一个类别的提取规则集，总体的分类精度为79%，高于最邻近分类的66%。

Wu等提出了一种自动化的耕地分类算法，能够利用多源数据如ETM+、MODIS等，以及一系列的次级数据如高程、坡度、温度等，通过构建分类规则实现对区域的耕地提取，利用这种方法能够针对固定的区域建立一种准确、快速和年度的耕地快速制图机制，能够避免人工交互所带来的工作量大、工作周期长等问题，基于该方法对哈萨克斯坦、美国的加利福尼亚等区域进行耕地制图，耕地的提取精度均在90%以上。

Pinho等以巴西圣保罗州东南部某区域作为研究区，基于IKONOS影像，提出了一个集成多尺度分割、数据挖掘和分级网络的面向对象遥感影像分类过程框架，充分利用光谱、形状、纹理、上下文、拓扑关系等特征，利用C4.5决策树算法实现特征的选择和规则的构建，总体的分类精度为71.91%。

Johnson采用了一种多尺度竞争的面向对象的土地覆盖分类方法，基于0.3m的航空影像，第一步建立7个层次的分割体系，对每一个层次分别进行分类，将分类结果和从属概率赋予分割对象，第二步以尺度最小的分割层对象作为判别单位，依次比较它在7个分割层所对应的从属概率，并将它最终归为从属概率最大的分割层所对应的类别。

2. 国内方面

张峰等以TM影像作为数据源，首先考虑多光谱特征、紧密度和光滑度等几何特征，通过区域合并方法进行影像的多尺度分割，生成同质的影像对象多边形，然后选取影像中样地的光谱标准差、形状指数、对称度和密度作为耕地类别的识别特征，并采用模糊函数的方法对各特征进行了定义，最后利用最相近匹配的方法，对每个对象多边形进行类别判别，耕地提取的精度达到了90%。

邓劲松等将比值植被指数RVI和归一化植被指数NDVI作为新的波段，融入SPOT 5影像中，在增加有效信息量的同时利用简单的决策树模型提取耕地信息，结果表明该方法能够在快速、准确地提取植被信息的基础上，进一步区分旱地和水田，并且去除容易混淆的园地。

舒玮等利用光谱阈值法从QuickBird影像上提取耕地。

吴卓蕾等在分析耕地及其背景地物的光谱特征曲线的基础上，利用 6 种植被指数对“北京一号”影像进行耕地提取，结果表明 NDVI 的提取精度最高。

王婷等以重庆北碚区为研究区，提出了一种基于遥感影像的光谱特征、灰度共生矩阵纹理特征和形状特征建立知识规则的方法，对该区域进行土地利用分类。在耕地的提取上首先利用比值植被指数 RVI 获取林地和农田，然后利用农田在近红外波段的反射率远大于林地进一步区分这两种类别。

邓媛媛等采用面向对象的影像分类技术，以武汉江夏区的 QuickBird 影像为实验数据，进行农用地的精细分类。首先是建立了三级的分割等级网；其次综合利用影像的光谱、形状和纹理特征，建立各个对象的特征集；最后通过目视解译建立隶属度函数，实现地物的分层提取，将耕地细分为翻耕过水田、未翻耕水田、种菜水田、一般菜地和未利用菜地。

曹雨田等以天津滨海新区为试验区，QuickBird 影像作为实验数据，使用面向对象的影像分类技术，在多尺度分割的基础上，选择有效的分类特征，建立土地利用分类规则集。

邵蔚等以陕西省榆林市某区域作为研究区，针对 QuickBird 影像，基于面向对象分类的思想建立土地利用分类规则集，在耕地提取上分别在 3 个分割尺度上分别获取耕地、旱地和水浇地。

王晓云等采用基于知识的面向对象分类方法，基于北京市顺义区的 SPOT 5 影像进行土地覆盖分类。其分类策略是首先区分出水体和非水体，然后再将非水体划分为植被和非植被，然后再利用最邻近分类器分别对植被和非植被进行细分。

综合以上分析，高分辨率影像耕地提取目前所采用的主要方式是面向对象的影像分类技术，从分割上来看，有的仅使用一个分割尺度，有的侧重于建立多层分割体系。本文认为多层分割体系在针对特定的区域进行分类时，上下文特征和拓扑关系特征都能得到使用，分类效果较好，但是如果仅以耕地的实时、快速提取为目标，采用一个分割尺度更合适，更有利于耕地提取模型的推广。原因之一在于提取耕地时对于非耕地的类别不需要非常精确地区分出它究竟是什么，只要明确它是非耕地即可；原因之二在于分割本身需要消耗时间，而且如果采用多个分割尺度，面临着如何选择最优分割参数的问题，会引入更多的人工参与。从分类上看，目前已经很少在分割后直接使用最近邻分类这种方式，通常采用的是分类规则集，因为基于规则的分类它具有层次性和针对性，在分类的效率上明显优于最邻近分类。在分类规则集的获取上，人工反复试验是主要的方式，但是也出现了若干自动化的方法，如CART决策树、C4.5/5.0决策树以及SEaTH算法。在分类规则的有效性上，对于一些光谱和空间特征明显的地类，如水体、植被、建筑物等，采用规则进行提取效果较好，但是对于一些光谱特征相似的类别，例如水体和阴影，林地和作物密集覆盖的耕地，采用规则区分的效果并不好。此时有两种解决方式，第一种是最邻近分类，第二种是基于多种特征构建模糊规则。关于分类规则集的普适性，尤其是针对耕地提取建立一种普适性较高的分类策略，并且分析这种策略的有效性、稳定性以及可推广性的研究比较少，这也在一定程度上限制了面向对象的影像分析技术在实际工作中的工程化应用。

（二）遥感影像的知识处理过程

包括两个方面：一是把遥感未带回的信息补上去，即补充其他地学相关信息；二是根据图像信息进行地学分析，来推断图像上面未反映的信息。不论是采用基于像素的分类技术，还是面向对象的分类技术，遥感影像的特征可以概括为“色”、“形”和“关系”。“色”指的是色调、颜色、阴影和反差等；“形”指的是形状、大小、纹理、结构和空间布局；“关系”指的是地物与其他地物之间的空间存在和空间配置关系，以及地物自身与季相之间的时间变化规律。以图斑作为分类的基本单元，较以像素作为分类的基本单元，因其可以存在多个分割层，故增加了上下文特征，即用来描述图斑在不同分割层之间的关系，例如是否属于某个父类，是否包含某个子类，子类型的数量及面积等。因此，综合考虑低、中、高3种空间分辨率的遥感影像，分类相关的知识可以概括如下：

- 地物波谱知识，能够反映地物在不同波段的电磁波反射及自身辐射特性。
- 地物纹理知识，能够反映地物表面灰度值的空间变化。
- 地物几何形状知识，能够反映地物本身的几何属性。
- 地物的布局及关系知识，能够反映地物的空间分布规律和空间配置关系。
- 地物的结构知识，能够反映地物内部的类别组成及分布形态。
- 地物的上下文知识，能够反映垂直方向地物内部的空间依存关系。
- 地物的季相变化知识，能够反映地物本身随季相的变化规律。
- 地物的边缘特征知识，能够反映地物的边缘形状。

●地物的 GIS 属性知识，从地学辅助数据直接获取的类别判断信息。

（三）高分辨率影像信息提取的知识框架体系

1. 遥感影像信息提取的目的

遥感影像信息提取是完成对地理目标的识别及获取地物间的关联关系，实质上是一个地物信息传递的过程，将我们所关注的目标信息由遥感影像转移到专题图。遥感影像信息提取将研究目标与数据源相关联，因此需要分析目标地物的存在特点及其对应的在数据源的呈现状态，才能较好地完成影像解译的过程。

2. 遥感影像信息提取的原理

遥感影像信息提取可以看作是遥感成像的逆过程，如图 3-4 所示，地表物体通过遥感成像记录在影像中，地物本身的特征也随之转化为地物的遥感特征；基于地物的遥感特征进行信息提取，将遥感信息还原为地面信息，并以专题图的形式进行记录和应用。

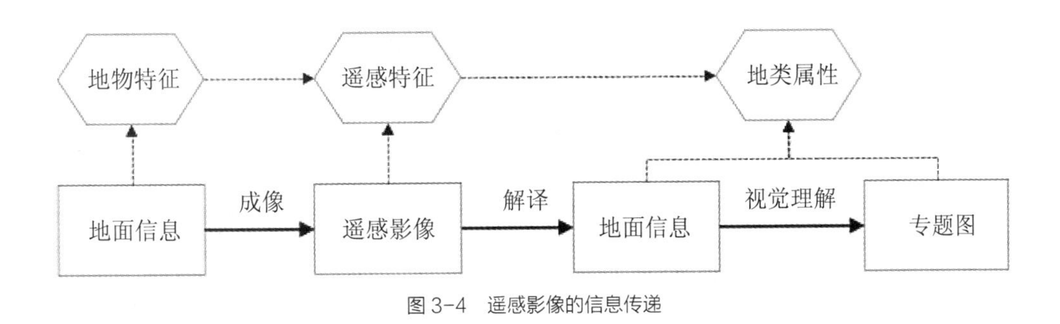

图 3-4　遥感影像的信息传递

3. 知识框架体系

耕地保护一直以来都是土地资源管理的核心，耕地数量及其分布信息的获取是实现这一目标的前提，遥感技术能够实现从广域和局域的空间尺度客观地获取耕地信息。高分辨率遥感影像目前已经广泛地应用于大比例尺的土地利用调查与遥感监测业务，但是由于自身存在的高度细节化、数据量大、类内差异大等原因，导致影像自动解译的难度增加，使得实际业务工作中仍然以人工目视解译为主，缺乏自动化程度较高的流程化的工作方式。面向对象的影像分析技术适合于高分辨率影像的信息提取，但是受到分割方法选择、特征选择、阈值确定等因素影响，限制了该技术在实际业务中的应用。本部分以高分辨率影像城市郊区的耕地提取为主线，结合基于知识遥感影像分类的知识获取、表达、推理、积累的一般过程，通过提高面向对象影像分类的自动化，以分类规则集的形式实现耕地的自动提取。

结合土地利用变更调查与遥感监测的业务流程，以及高分辨率遥感影像专题信息提取的基本过程，模仿目视解译的原理，从解译影像、解译区域、解译对象和辅助数据 4 个角度考虑，本文建立了高分辨率影像信息提取的知识框架体系，以支持面向对象分类思想下典型地类提取规则的构建以及规则集的推广。知识框架体系如图 3-5 所示。

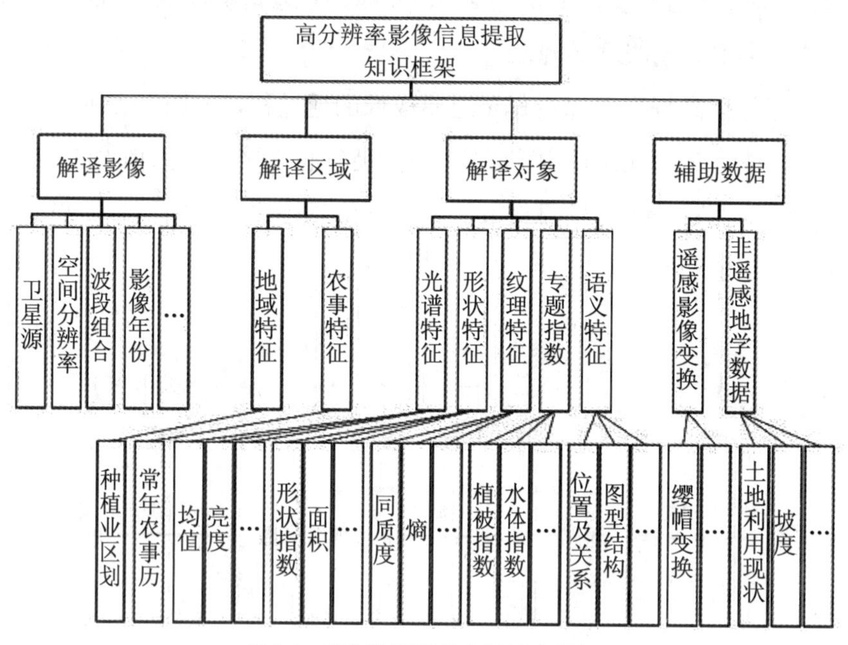

图 3-5 高分辨率影像信息提取知识框架

（四）耕地提取规则集的应用

结合基于 CART 决策树的固定分类策略的分析结果，建立耕地分层提取的规则集并进行应用。为了能够清楚地展示每一步的提取效果，从实验数据中截取一块地类齐全的区域。将非耕地的地类掩膜，然后从植被和透水面中分别提取出耕地。

（五）算法改进前后耕地提取规则集的结果分析

为了更好地比较两者的差异，将两种耕地提取结果作叠加分析，提取它们的交集并将其分别从两种结果中擦除，将擦除后剩余的部分合并作为精度分析的基础，从耕地的漏提和错提角度来比较两种结果的优劣。

结合耕地提取规则集的分类效果，首先分析算法改进前后的耕地提取差异，结果表明，算法改进后能够发现更多的耕地，而且基于改进后获得的耕地分层提取规则集，能够通过提取并掩膜部分非耕地对象，很大程度上减小需要计算纹理特征的待分类对象的数量，从而避免因纹理特征计算所导致的分类速度慢、效率低等问题；其次从耕地的提取精度和耕地的错分及漏分两个方面，比较了两种耕地提取策略，结果表明基于改进算法获取的耕地提取规则集，在耕地错分及分类结果稳定性上要优于基于固定分类策略的耕地提取规则集，而且由于CART决策树功能需要借助于软件模块来实现，算法可以通过编程直接实现，因此基于改进的算法能够实现分类过程中耕地提取规则集的自动获取。但是基于固定分类策略的耕地提取方式并非没有优势，例如亮物体的提取这一步不会引入耕地，能够排除掉一定数量的建设用地，而且基于改进算法的第一步，即将水体、阴影、建筑物和沥青地面排除掉等，从本质上来讲和基于固定分类策略的暗物体和不透水面的提取，作用和目的都是一致的。因此将两种分类策略结合，可以构建具有一定稳定性且耕地提取效果更好的分层分类方式。

四、遥感技术在病虫害监测方面的应用

航空遥感图像监测柑橘黄龙病

柑橘是美国佛罗里达州最重要的经济作物，其产值占全国柑橘总产值的一半以上。自2005年黄龙病在该州确诊以来，病害在该州传播迅速，截至2010年2月，34个郡已受到感染，并在另一个柑橘主要种植地区加利福尼亚州也有发现。由于该病当时还没有行之有效的治愈方法，因此，在寻找治病良方的同时，如何快速有效地监测黄龙病感染及散播区域以方便采取对应的防扩散措施也是当务之急。

李修华等针对果园面积大、植株数量多等特点，从寻找大面积、快速、无损的有效检测手段出发，立足于航空多光谱及高光谱拍摄平台，研究采用航空遥感图像检测柑橘黄龙病的可行性。通过获取柑橘园的航空多光谱及高光谱图像，并配合大量的地面调查试验，寻找了健康植株冠层与染病冠层的光谱差异，并以地面真值为依据，分析对比了多种光谱图像分类方法在黄龙病检测方面的精度。为大规模监测黄龙病分布及扩散信息提供了一种全新有效的手段。

（一）背景蒙版的建立

为植株冠层建立有效的背景蒙版可以减少背景环境的干扰，将病害监测的研究集中在有效区域内。有多种方法可以实现这一目的，其中，植被指数是一

种比较常用的方法来分离植被与非植被，甚至是不同种类的植被。但常用植被指数主要从地物反射率计算得出，本试验遥感图像中的反射率是采用经验线性法通过不同灰度油布的地面光谱校正而得，在反射率较低的像素中出现了负值，因此不适合计算植被指数。因此选择了支持向量机（support vector machine，SVM）来实现这一目的。试验结果也证明这一方法精度高，速度快。

选取了一块 100 像素 ×100 像素的高光谱图像典型区域对 SVM 法建立背景蒙版进行了测试（图 3-6a）。这种方法只需要在图像中给各目标类别选取小范围的感兴趣区域（Region of Interest，ROI）作为输入即可。依照前述光谱分析，这里选择了 5 类相互间差异明显的类别，如图 3-6a 中标记的不同颜色的方形区域。图 3-6b 为 SVM 分类结果，不同颜色代表了不同类别，对应关系如表 3-4 所示。为了量化分类精度，在图 3-6a 这一真彩组合图像的基础上，通过人眼手动地对各类别进行了识别分类（图 3-6c），并将其作为地面真值。通过对比 SVM 与手动的分类结果评价 SVM 的分类精度。

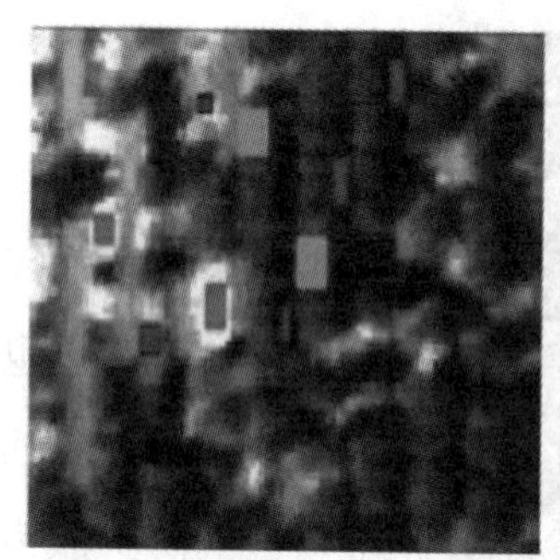
a. 原始高光谱图像

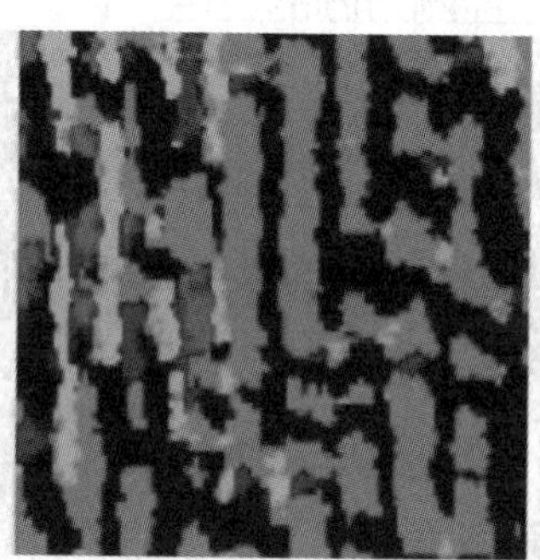
b. SVM 分类结果

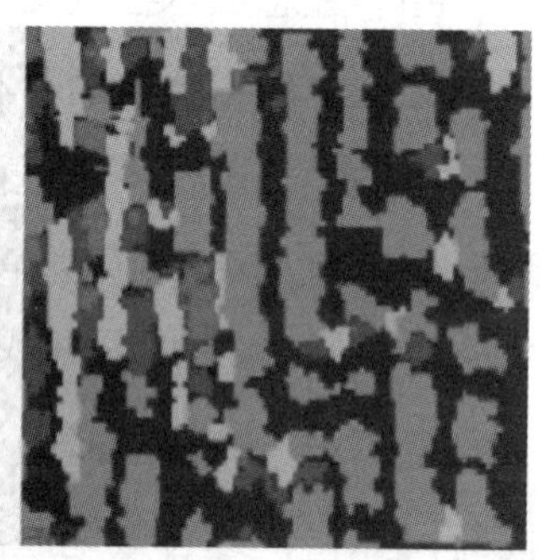
c. 手动分类结果后

图 3-6　SVM 分类精度评价试验

表 3-4　ROI 颜色与类别的对应表

感兴趣区域	代表的类别
绿色	柑橘植株冠层
蓝绿色	杂草
红色、黑色	阴影
蓝色	泥土
洋红	沙土

（二）库类的建立

遥感图像的分析处理使用了 ENVI 软件 4.8 版，ITT VSI，White Plains，NY，USA)。选取了地面调查比较集中的区域进行图像处理及分类，其中，多光谱图像中包含 200 像素 ×200 像素，高光谱图像中包含 100 像素 ×100 像素。并将此区域平均划分为训练域及验证域（图 3-7a），其中红色“+”表示地面调查得到的染病植株位置，白色“+”表示地面调查得到的健康植株位置。将训练域中的染病（S_PCR_P）及健康（HEA_PCR_N）冠层光谱提取出来建立相应的库类，并用不同的分类方法对图像进行训练，取与训练域地面实际情况最接近的训练结果作为最终结果，并用此分析与验证域的吻合情况，计算分类精度。将从四波段多光谱图像中提取出来的库类导入到由其各波段组成的四维空间中，选取了一个分离效果较好的角度得到如图 3-7b 所示结果，其中轴 1 ～ 4 分别表示多光谱图像的各光谱波段。可以看出，两类冠层还存在着较大范围的重叠。

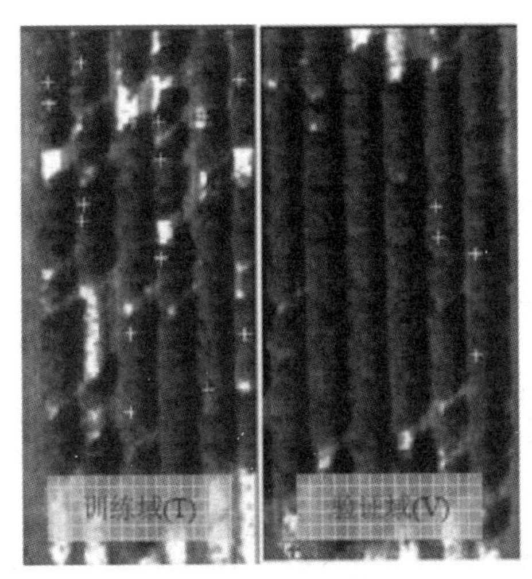

a. 选定的训练区与验证区

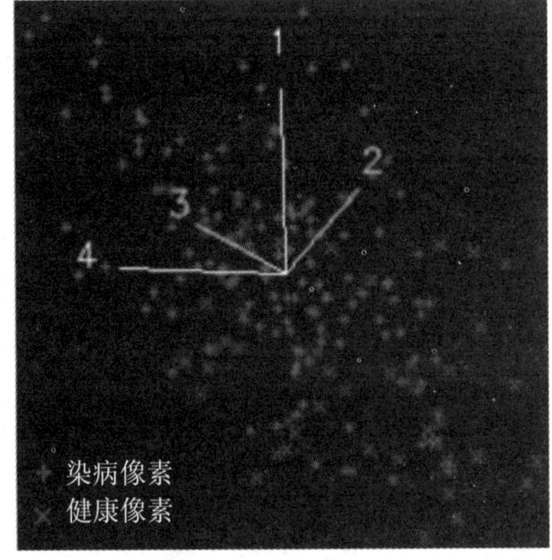

b. 各类库的四维分布图

图 3-7　图像分类区域及健康、染病冠层思维分布图

（三）分类方法

最小距离法则是通过计算、对比未知元素与各类中心的欧几里得距离，然后将其纳入最近类的一种算法，执行速度非常快。马氏距离法不仅仅考虑未知元素与类平均值的欧几里得距离外，还将距离的方向敏感性纳入了考虑范围。当各类的形状都相同时，分类结果跟最小距离法一致。图 3-8 分别显示了最小

距离法与马氏距离法在高光谱及多光谱图像中的分类结果。绿色及红色区域分别代表分类后的健康及染病冠层，“+”为地面调查中通过 PCR 证实的染病植株的位置。

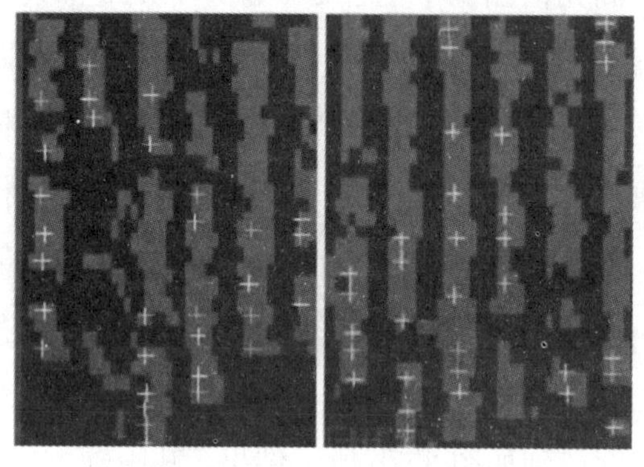

a. 最小距离法在高光谱图像中的分类结果

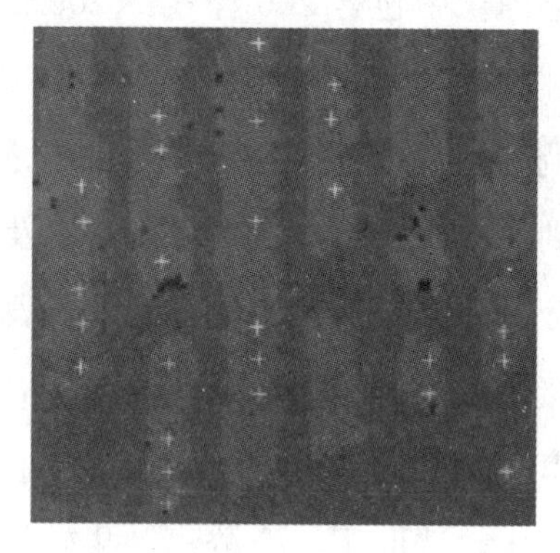

b. 马氏距离法在多光谱图像中的分类结果

图 3-8 最小距离法与马氏距离法的分类结果

SID 是基于光谱信息测度（SIM，spectral information measure）的一种随机测量方法。SID 描述了两光谱之间的信息差异，值越接近于 0，表示相似性越大。图 3-9 为 SID 分类法在高光谱图像中的分类结果。

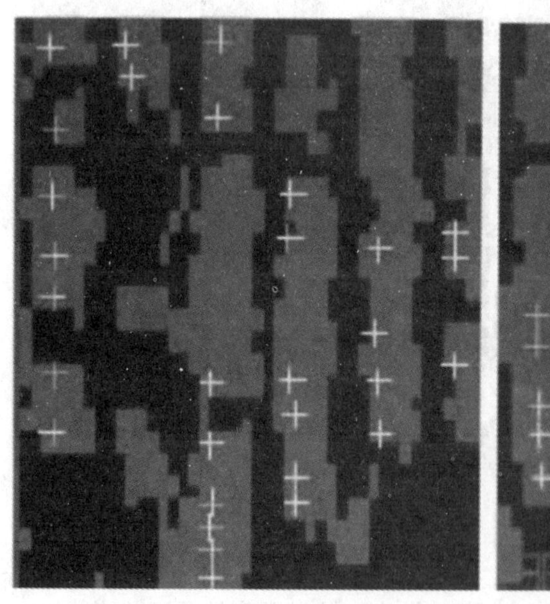

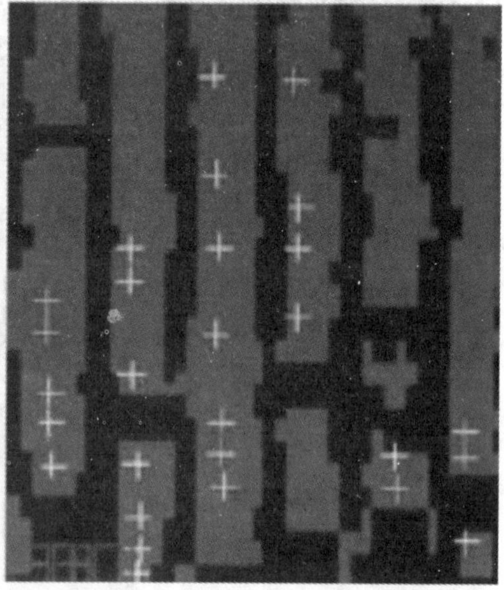

图 3-9 SID 的分类结果

SFF 分类法分别为每一个库类输出了灰色刻度图与均方根图。灰色刻度图用来衡量各像元与该类的相似度，均方根图反映了各像元与该类的均方根误差大小。更高的刻度值与更低的 RMS 值的组合代表了与该类更好的匹配效果。在如图 3-10a 所示的由灰色刻度图与均方根图生成的散点图中，按照上述规律对染病像素进行了选择，结果如图 3-10b 所示。

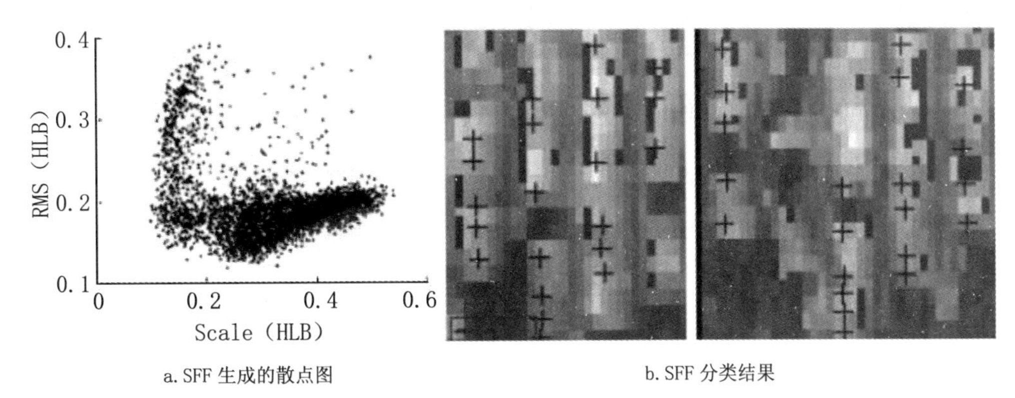

a. SFF 生成的散点图　　b. SFF 分类结果

图 3-10　SFF 的分类结果

在执行 MTMF 之前，首先对图像进行了最小噪声分量变换（minimum noise fraction，MNF）。MNF 主要由两次主成分变换串联而成，变换后的各图像分量的特征值依次递减，特征值越大，该分量包含的有用信息越多。一般情况下，前几个分量包含了大部分的图像信息，特征值变小趋势非常明显，当特征值趋于平缓后，所对应的图像分类基本包含了大量噪声，需要排除。图 3-11 为高光谱遥感图像经 MNF 变化后输出的各波段特征值曲线及相应波段的灰度图。可

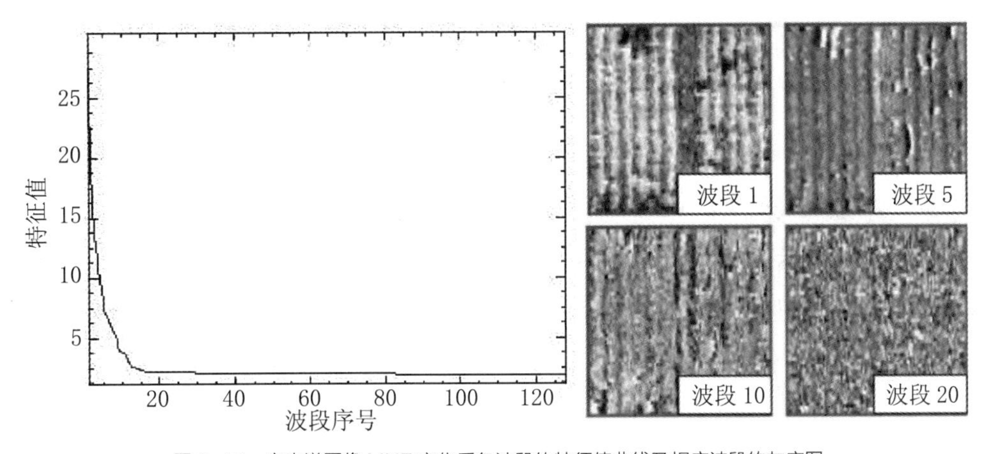

图 3-11　高光谱图像 MNF 变化后各波段的特征值曲线及相应波段的灰度图

以看出，在变换后得到的128个图像分量中，大约从第20个分量以后，特征值趋于平缓，有用图像信息非常不明显。于是在接下来的MTMF分类中只选取了前20个MNF分量进行处理。

MTMF的输出结果不仅包括分别针对各目标类的匹配滤波（Matched Filtering，MF）图像，还包括了各自的不可行性图像。匹配滤波工具使用局部分离获取特定端元或类在每个像素中蕴含的波谱丰度。不可行性图像可以用来减少匹配滤波产生的“假阳性”像元的数量，不可行性值高的像元即为“假阳性”像元。联合两幅输出灰度图像生成各像素的散点图（图3-12a），具有高MF值与低不可行性值的像素群能更好地匹配该端元或类（图3-12a中的红色区域）。MF空间分布图3-12b的红色像素对应图3-12a中选择的红色区域像素。

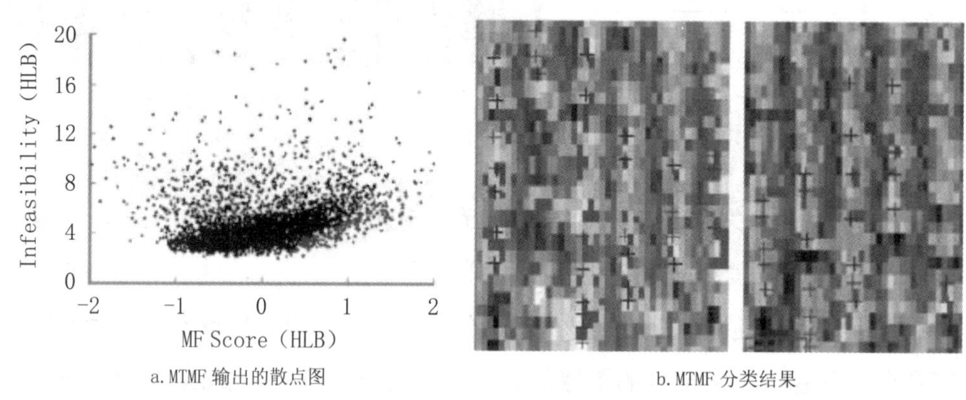

a. MTMF输出的散点图　　b. MTMF分类结果

图3-12　高光谱图像的MTMF分类结果

为了充分利用地面调查的所有数据，更好地评价每类方法的有效性，分别将全面的人工侦察结果与上述各方法的分类结果导入到ArcGIS 9.0中生成染病植株密度分布图（图3-13）。图中，黑色虚线为训练域（T）和验证域（V）的分界线。分布图按照染病植株的密度分为低、中、高、严重4个等级。

在不考虑分类结果与地面侦察结果在密度级别上的差异情况下，还能看出，几乎所有分类方法都正确地识别出了染病密度最高的3块区域。最小距离法、马氏距离法及SAM在训练域及验证域中的监测效果比较均衡，而SID与MTMF，尤其是MTMF分类法，在训练域中有过拟合，验证域中欠拟合的现象。通过比较各分类结果与地面侦察结果的密度图形状及扩散趋势，发现算法最简单的最小距离法与马氏距离法反而与地面侦察结果有比较好的吻合度。由于此次试验的分类主体都是柑橘植株冠层，其光谱差异非常小，SAM与最小距离法的分类结果出现了非常高的相似性，再次印证了在光谱差异很小的情况下，SAM 的算法实质与计算欧几里得距离的最小距离法算法一致的论断。

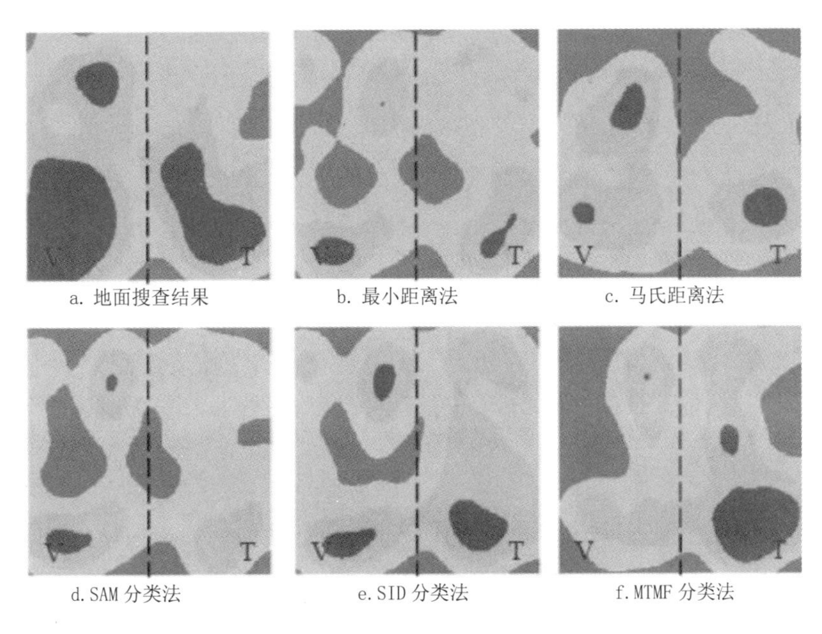

图 3-13　染病植株密度分布图